L'HOMME-THERMOMÈTRE

Laurent Cohen

L'HOMME-THERMOMÈTRE

Le cerveau en pièces détachées

Odile Jacob

15, rue Soufflot, 75005 Paris
www.odilejacob.fr

ISBN : 2-7381-1361-4

Avant-propos

Qu'on lui montre une brosse à dents, une salière ou une fourchette, rien n'y fait : aux yeux de Monsieur Z. il s'agit toujours de thermomètres.

Que l'on demande à Monsieur S. de répéter le mot « poisson » et le voici qui s'emballe :

« Poisson ! Cercé poisson, le vesson était versé, il était mort ! Ce poisson n'est plus errapant, il n'a plus son rimpant, il perd, verse, verse, verse... »

Ces hommes ne sont pas des poètes surréalistes. Pas plus que cet ingénieur qui découvrit un matin, effaré, dans le miroir de la salle de bains, le visage d'un parfait inconnu, ou ce retraité que je vis empiler sur son nez trois paires de lunettes, ou encore cette femme qui prenait son bras pour le bras du médecin et sa jambe pour celle de son voisin de chambre.

Ces comportements étranges sont apparus, du jour au lendemain, à la suite d'accidents détruisant telle ou telle région du cerveau, chez des hommes et des femmes jusqu'alors sans histoire. L'étude de ces phénomènes est une voie d'accès privilégiée au fonctionnement du cerveau. Nous suivrons donc ces patients, nous les interrogerons, nous les poursuivrons de nos questions pour qu'ils nous livrent quelques-uns des secrets de la pensée. Cette quête s'enrichit de l'extraordinaire essor des techniques d'imagerie du cerveau. On peut maintenant observer et disséquer le fonctionnement cérébral pendant même que se forment les idées, que se préparent les gestes, que s'enchaînent les mots, qu'éclosent les images du rêve.

Comment transformons-nous nos idées en mots ? Quelles sont les pannes cérébrales qui nous empêcheraient de trouver le nom d'un objet que nous voyons ? Comment planifions-nous nos actions ? Que se passe-t-il dans le cerveau d'un enfant qui apprend à lire ? Comment étudie-t-on les fonctions de telle ou telle région cérébrale ? Ce sont là quelques-unes des questions que nous poserons.

Munis de ces pièces du puzzle, nous pourrons comprendre ensemble chacun de ces patients étonnants. Mon objectif sera atteint si, au fil de la lecture, le lecteur découvre quelques-uns des rouages qui tournent dans son propre cerveau, et plus encore s'il y trouve le plaisir du détective amateur plongé dans un roman policier.

CHAPITRE 1

L'homme-thermomètre

L'esprit en pièces

Êtes-vous un homme ou une femme ? Un Français ou un Turc ? Un étudiant ou un artisan ? Un célibataire ou une mère au foyer ? Vous répondrez toujours « un » ou « une », sans doute jamais « des ». Vous ne répondrez pas « je suis deux bras, deux jambes, une tête, un foie, etc. », ce qui serait pourtant une réponse tout aussi exacte. Si l'on vous demandait *ce qu'est* une voiture, vous répondriez peut-être « un moyen de transport », « une machine inventée au XIXe siècle », « une cause de pollution », « un véhicule qu'on a le droit de faire rouler jusqu'à 130 km/h ». Là encore, les réponses seraient au singulier, « un », « une ». En revanche, si l'on vous demandait *comment fonctionne* une voiture, vous seriez obligé de passer du singulier au pluriel. Ce serait alors un carburateur plus un réservoir plus un Delco plus un différentiel plus une carrosserie, etc. La question « comment ça marche ? » oblige à voir l'objet comme un assemblage de parties plus simples. Expliquer « comment ça marche » revient à énumérer les composants, à déterminer la fonction exacte de chacun, et les mécanismes de leur collaboration. Ce qui est vrai d'une voiture est vrai de l'esprit même de l'homme.

Comment fonctionne le cerveau ? Il faut s'accoutumer à l'idée que c'est un assemblage de petites machines, chacune ayant un rôle particulier, collaborant et communiquant avec les autres selon des règles strictes. Nous ne sommes rien d'autre que cet agrégat de petites machines, de modules spécialisés. Nous ne sommes pas un mais multiples.

La meilleure preuve de cette fragmentation de l'esprit vient sans doute des pannes sélectives de telle ou telle de ces petites machines. Des accidents malheureux, occlusion ou rupture d'une artère, tumeur ou blessure, peuvent détruire une partie du cerveau et entraîner la perte d'une capacité mentale bien définie. Tel patient, après un accident, voyait en noir et blanc et non plus en couleurs, tel autre ne reconnaissait plus les mots qu'il percevait alors qu'il pouvait parfaitement écrire, tel autre ne savait plus rien des fleurs et des animaux mais avait gardé intact le reste de son savoir, tel autre oubliait en quelques instants tout ce qui lui arrivait mais se souvenait de son passé lointain, tel autre savait faire des multiplications mais plus aucune soustraction, etc. Depuis le XIXe siècle, les neuropsychologues ont accumulé les observations de déficits « purs », ceux qui n'affectent qu'un aspect très restreint de l'activité cérébrale et qui illustrent cette fragmentation de notre esprit dont nous avons si peu l'intuition. Pour recourir une dernière fois à la métaphore de l'automobile : nous ne découvrons que nous avons un carburateur que lorsqu'il tombe en panne.

Naturellement, cette vision du cerveau comme juxtaposition de systèmes spécialisés n'est pas suffisante. Reste en effet à comprendre comment cet ensemble fragmenté coordonne des comportements cohérents. Prenons un exemple. La forme des objets que nous voyons n'est pas identifiée dans la même région du cerveau que la couleur. Pourtant, quand nous avons devant nous une pomme rouge et une banane jaune, nous ne voyons pas la pomme jaune et la banane rouge. Si c'est une région cérébrale, un élément spécialisé, qui connaît les couleurs et un autre les formes, comment se fait-il que la bonne couleur soit associée à la bonne forme, le jaune à la forme oblongue et le rouge à la forme sphérique ? On ne peut le comprendre que si l'on admet que les petits modules qui forment notre cerveau sont certes très spécialisés, mais aussi étroitement liés entre eux.

Prenons un autre exemple. En temps habituel, notre main droite et notre main gauche ne se combattent pas, notre pied gauche n'essaie pas de nous emmener à la cuisine et notre pied droit à la salle de bains. Les mouvements des deux moitiés de notre corps résultent de décisions uniques, de plans d'actions qui coordonnent la droite et la gauche. Cela va de soi, sauf si nos deux hémisphères cérébraux ont été accidentellement séparés : cette belle unité peut alors être brisée. Un patient écrit une lettre quand soudain sa main gauche s'empare de la feuille et du stylo, et les jette par terre. Une patiente raconte comment, alors qu'elle venait de mettre du linge à tremper dans son lavabo, sa main gauche, encore elle, a soudain ouvert la bonde. Sa main droite a dû se précipiter pour refermer le lavabo. Nous verrons d'autres exemples de ce type. Qu'il nous suffise de remarquer que la cohérence de notre comportement est fragile, que certaines lésions du cerveau suffisent à la rompre.

Un dernier exemple. Dirigez votre attention sur l'objet que vous tenez entre les mains. Vous prenez alors conscience de la présence de ce livre. Dès cet instant, vous pouvez en faire n'importe quoi : vous dire « j'ai dans les mains un livre passionnant – ou assommant » ; fixer cet instant dans votre mémoire et vous en souvenir dans une semaine ; feuilleter le livre ou le poser sur la tranche. L'idée du livre, une fois consciente, peut être exprimée par le langage (vous en parlez), mettre en branle le système moteur (vous le manipulez), solliciter la mémoire, etc. Chez l'homme-thermomètre, dont nous allons faire la connaissance, cette circulation de l'information consciente entre systèmes cérébraux, source de cohérence du comportement, était étrangement perturbée. Comment cet homme raisonnable pouvait-il m'expliquer qu'une fourchette que je lui montrais servait à prendre la température de substances liquides et pourtant s'en servir parfaitement à l'heure des repas ? Comment avait-il perdu cette harmonie de comportement, cette unité qui lie et rend cohérents les gestes et les paroles ?

Dans les histoires que raconte ce livre, nous aurons plutôt un regard d'analyse que de synthèse ; nous admirerons plutôt la fragmentation que l'unité, les pièces de la mécanique plutôt que l'harmonie de leur fonctionnement d'ensemble. Question de point de vue. Si je parle d'un patient qui, à la suite d'un accident vasculaire cérébral, se trouve lourdement handicapé, incapable de s'exprimer par la parole, et si je monte en épingle telle ou telle finesse neuropsychologique, au lieu de compatir à ses souffrances, vous penserez peut-être que je le réduis en objet d'une froide étude, que je ne prends pas en compte sa dignité de personne, son humanité sacrée. Je vous répondrais alors que l'homme ne perd rien à être compris. Prendre conscience de la machinerie qui constitue chacun de nous n'efface pas la compassion et le devoir d'assistance du médecin pour le patient qui le consulte, ni de quiconque pour n'importe lequel de ses semblables.

Mode d'emploi

Nous allons donc faire un peu de mécanique mentale, comme d'autres ont de la mécanique auto. Nous naviguerons entre plusieurs écueils : éviter de présenter un zoo pittoresque et touchant de cas spectaculaires tout en préservant l'aspect profondément stupéfiant de certaines observations, éviter d'accumuler les détails neurophysiologiques tout en cherchant à rendre compréhensibles quelques principes du fonctionnement cérébral. Pour cela, nous prendrons pour guide Monsieur Mathieu Z., un homme victime d'un accident vasculaire cérébral aux conséquences dramatiques.

Ce livre prend pour fil directeur l'élucidation du cas de Monsieur Mathieu Z. Mais il n'hésite pas à butiner en marge du droit chemin. Pour parvenir au diagnostic, nous devons en effet avoir les idées claires sur plusieurs grandes questions : Comment étudie-t-on les fonctions d'une région cérébrale ? Quelles sont alors les bases neurales du langage ? Comment fonctionne le système visuel ? Quels courts-circuits nous empêchent de trouver le nom de l'objet que nous voyons ? D'une manière plus générale, comment transformons-nous nos idées en mots ? Et comment planifions-nous nos entreprises ? Chaque chapitre est consacré à une question de ce type qui nous fait avancer dans le diagnostic. À son tour, chaque chapitre est composé d'une suite de sections qui exposent chacune un et un seul élément de savoir : un morceau d'histoire des sciences, le cas d'un patient, l'exposé d'une technique, le rôle d'une région cérébrale, etc. Notre but n'est donc pas tant de comprendre ce patient singulier que de parvenir à une compréhension générale du fonctionnement cérébral.

Je n'ai que très peu connu Monsieur Mathieu Z. Je n'ai pu m'entretenir avec lui que durant quelques jours, à l'occasion d'une brève hospitalisation. Il n'a pas été soumis à des batteries de tests cognitifs mais seulement aux tests de routine dans un entretien clinique – dénommer des images, écrire quelques mots, utiliser un peigne ou une fourchette, etc. Cette brève rencontre m'a laissé une impression durable comme celle qui peut saisir le spectateur d'une éclipse totale du soleil. Voir la Lune passer devant le Soleil, le cacher puis le dévoiler, donne soudain une conscience aiguë du mouvement des astres, du grincement des rouages de la mécanique céleste.

La section suivante présente la transcription d'un entretien avec Monsieur Mathieu Z., au cours duquel cet homme très attachant et d'une normalité au demeurant exemplaire, adopte tout à coup un comportement aberrant et se change en « homme-thermomètre ». Ce livre a pour seul but de montrer comment cette étrangeté est le produit des principes mêmes du fonctionnement cérébral normal, et comment certains traits parmi les plus bizarres s'expliquent par un démontage assez rudimentaire de la mécanique cérébrale.

La scène primitive

Monsieur Mathieu Z. est un homme de 76 ans, massif, chauve, et triste. Depuis la mort de sa femme il y a cinq ans, il vit seul. Il reçoit une aide ménagère et suit sans enthousiasme des séances de rééducation orthophonique. Il était autrefois dessinateur industriel. Il y a trois ans, il a été victime d'un accident vasculaire cérébral. Une des artères qui irriguent son cerveau, l'artère cérébrale postérieure gauche, a été subitement bouchée par un caillot, et la région du cerveau alimentée par cette artère en a été lésée. Elle se situe sur la face inférieure, cachée, de l'hémisphère gauche, et correspond à une partie des lobes occipital et temporal gauches (Figure 1). Le cortex cérébral est sillonné de nombreux plis, dont les principaux délimitent les grandes régions des hémisphères qu'on appelle « lobes ». La lésion est en revanche bien visible sur les images en coupe obtenues à l'IRM (imagerie par résonance magnétique). Trois ans après cet accident, Monsieur Z. conserve malheureusement des séquelles notables. Elles ne sont toutefois pas immédiatement visibles. Il n'est pas paralysé, marche normalement, me reconnaît lorsque je m'approche de lui. Il mange et fait sa toilette sans assistance. Il n'est pas aphasique : sa parole est fluide et il répond bien aux questions usuelles. Il sait qu'il est à l'hôpital de la Salpêtrière et connaît à peu près la date. Ses émotions ne sont pas émoussées, sa tristesse est visible lorsqu'il évoque la perte de sa femme ou le vide de son existence actuelle. Un examen ophtalmologique assure que sa vue est bonne, hormis que son champ visuel est amputé de sa moitié droite : il voit à peu près comme si un morceau de sparadrap était collé sur la moitié droite de chacun de ses verres de lunettes (nous verrons pourquoi). Pourtant, quelques tests très simples suffisent à dévoiler l'existence d'anomalies mentales insoupçonnées et pourtant spectaculaires.

Voici la transcription *verbatim* d'un entretien au cours duquel j'ai présenté à Monsieur Mathieu Z. une série d'objets très familiers en lui demandant de les nommer chacun à leur tour. Généralement, je le laissais ensuite manipuler l'objet s'il le souhaitait. Je recommande de lire ce dialogue avec attention, et plutôt deux fois qu'une : une première fois d'une seule traite, une seconde en s'arrêtant à tous les détails bizarres. Le reste du livre n'est qu'un commentaire de cette scène.

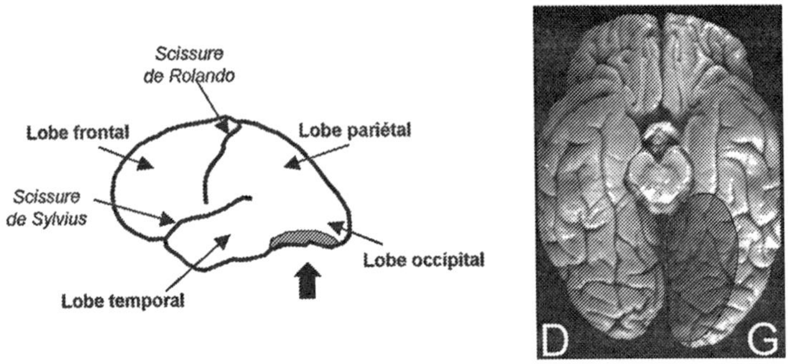

FIGURE 1 – *À gauche, une vue de profil de l'hémisphère gauche, avec les principaux lobes et sillons. À droite, la face inférieure d'un cerveau. La zone hachurée correspond approximativement à la lésion de Monsieur Mathieu Z.*

Je montre une brosse à dents.

– Qu'est-ce que c'est ?

– Je sais à quoi ça sert. C'est pour prendre les températures.

– Et comment ça marche ?

– C'est-à-dire, on met cette partie-ci dans la température à mesurer (il montre l'extrémité de la brosse, puis fait le geste d'enfoncer son index).

– La température de quoi ?

– Par exemple du corps.

– Ça permet de mesurer d'autres températures ?

– On pourrait… non, d'autres je ne vois pas. C'est pour le corps.

Je montre une salière.

– Qu'est-ce que c'est ?

– Eh bien, ça c'est aussi pour mesurer les températures, mais pour des liquides.

– Par exemple ?

– On plonge ça dans le liquide et la température s'indique là-dessus (il désigne le bouchon de la salière et suit son contour du doigt).

– Quel genre de liquides ?

– Je ne sais pas, moi... un liquide qui pourrait servir pour prendre une douche, prendre un bain, quelque chose comme ça.

– Quel liquide est-ce qu'on utilise pour prendre une douche ou un bain ?

– On prend de l'eau !

– Et comment ferait-on pour mesurer la température d'un bain avec ça ?

– Il faudrait plonger le tout dans la baignoire (il prend la salière et fait le geste de la plonger dans quelque chose), et puis regarder...

– Et comment s'appelle un objet comme ça ?

– Un thermomètre !

Je montre une bobine de fil.

– Qu'est-ce que c'est ?

– C'est un thermomètre !

– Et comment s'en sert-on ?

– On plongerait ça dans le liquide qu'il y a à mesurer, et on verrait la température qui apparaît là-dessus (il montre la face supérieure de la bobine).

Je montre des lunettes de soleil.

– Qu'est-ce que c'est ?

– (Il montre les lunettes qu'il porte.) C'est une paire de lunettes.

– À quoi ça sert ?

– À se protéger les yeux.

– Contre quoi ?

– Contre les rayons du soleil.

Je montre une fourchette.

– Qu'est-ce que c'est ?

– Eh bien ça, c'est pour prendre une température également, mais d'un liquide, hein !

– Mais encore ?

– On plonge ça dans un liquide (il désigne le manche de la fourchette et fait le geste de l'enfoncer), et le thermomètre qui se trouve là enregistre la température (il désigne les dents de la fourchette).

– Avez-vous un instrument comme ça chez vous ? Vous arrive-t-il d'utiliser un objet comme ça ?

– Oui… mais, non, je n'en ai pas l'occasion.

– Et ça s'appelle…

– Un thermomètre.

Je montre un peigne.

– Qu'est-ce que c'est ?

– Ça, c'est un thermomètre également !

– Mais différent !

– Oui, différent. C'est pour prendre la température de l'eau et des liquides. On plonge ça dans le liquide à mesurer et la température s'indique là (il montre les dents du peigne).

Interrompons un instant cette série de thermomètres pour faire le point. Monsieur Mathieu Z. semble n'avoir reconnu aucun des objets que je lui ai proposés (sauf les lunettes de soleil…). Et pourtant, il est également clair qu'il les voit tout à fait bien : il les saisit avec précision, désigne leurs différentes parties, etc. Donc, il les voit mais ne les reconnaît pas. Notons aussi que, s'il ne reconnaît pas une fourchette ou une bobine quand il en voit une, il sait toujours ce que sont en principe ces objets. Ainsi, comme je lui demandais de m'expliquer ce que sont les objets qu'on appelle « fourchette » et « bobine », Monsieur Z. me répondit : « C'est un engin pour piquer la viande ou des pommes de terre ou tout ce que vous avez à prendre ; vous le piquez avec la fourchette et vous le portez à la bouche (tout en mimant le geste de la main droite) » ; et pour la bobine : « C'est un fil qui est enroulé pour pouvoir ensuite servir soit à faire une résistance, soit à faire... (et il fait le geste d'enrouler une bobine). » Pourquoi alors considère-t-il tous ces objets, quand on les lui montre, comme des thermomètres ? Poursuivons.

Un peu plus tard au cours de la même séance, je lui montre une boîte d'allumettes vide.

– Qu'est-ce que c'est ?

– C'est pour prendre la température, c'est un thermomètre.

– (J'ouvre la boîte.) Vous voyez, là, ça s'ouvre. À quoi sert cette ouverture ?

– (Il prend, ferme, puis ouvre à nouveau la boîte.) Ça, c'est plutôt un protecteur. C'est pour protéger la partie opérante (il tient la boîte ouverte et en montre l'intérieur).

– Qui se trouve où ?

– Le thermomètre, enfin le thermomètre (dubitatif)... se trouve là-dedans (il referme la boîte).

Je montre un peigne.

– Qu'est-ce que c'est ?

– C'est pour se peigner.

– Oui, et ça s'appelle ?

– Un peigne.

Je montre un pinceau.

– Qu'est-ce que c'est ?

– Ça, c'est un thermomètre. Vous pouvez vous servir de ça... C'est un thermomètre... enfin, ce n'est pas pour mesurer la température... Si je veux peindre, si je veux faire quelque chose, je me sers de ça (il saisit le pinceau et fait semblant de peindre la table).

– Ça s'appelle donc...

– Un pinceau.

– Oui, plutôt. Pourquoi m'avez-vous dit que c'était un thermomètre ?

– Parce que... parce que... je me suis trompé !

Je montre une brosse à dents.

– Qu'est-ce que c'est ?

– (Il prend la brosse, fait le geste de brosser en l'air.) C'est aussi un pinceau (il dirige la brosse vers sa bouche), mais un pinceau pour se nettoyer les... (il dirige maintenant la brosse vers sa main gauche), pour se nettoyer les ongles... les dents. On se brosse les dents (il fait semblant de se brosser les dents).

– Et ça s'appelle donc...

– Une brosse à ongles ! Non, oh ! C'est une brosse...

Un peu plus tard, je montre une bougie.

– Qu'est-ce que c'est ?

– C'est un échantillon de... comment... pas de pierre, mais il y a le thermomètre qui est là-dedans, et puis on met ça dans un endroit, et on le fixe là-dedans, et comme ça on a la température qu'il y a dans l'engin (il illustre ses propos en manipulant la bougie).

– Donc, ça sert finalement à mesurer les températures...

– Oui, c'est ça.

Je montre une pipe.

– Qu'est-ce que c'est ?

– Ça aussi [c'est un thermomètre] !

– Mais pourtant ça ne ressemble pas ! (je remets la bougie sur la table à côté de la pipe).

– Oui, mais ça c'est industriel (il montre la bougie), et ça c'est manuel, c'est pour un particulier (il montre la pipe).

– (Il saisit la pipe, la tripote.) Alors vous prenez ça... Vous pouvez même plonger ça... c'est pour... qu'on fume, là (il fait le geste de fumer une cigarette), c'est pour le tabac.

– Montrez-moi comment on s'en sert.

– Alors je prends cet engin-là, je peux le mettre dans le... (il fait le geste de plonger la pipe dans quelque chose, comme avec les « thermomètres »).

– Où va le tabac ?

– Eh bien le tabac, il va là (il indique le fourneau).

– Vous mettez du tabac, et ensuite...

– Je vois la température que le tabac... fume...

Je montre une petite bouteille d'alcool, vide.

– Qu'est-ce que c'est ?

– C'est pour mesurer une température, mais soit d'un alcool, soit... d'un liquide. Mais plutôt d'un alcool !

Après une interruption, je montre une clé.

– Qu'est-ce que c'est ?

– Un thermomètre (il la prend en main et l'inspecte).

– Faites semblant de vous en servir.

– Je rentre ça dans la gaine de... (il tourne la clé, et explique, geste à l'appui, que lorsqu'on tourne la clé pour mettre le penne en contact avec le liquide à mesurer – qui se trouve en dessous –, l'instrument fonctionne, alors que si l'on oriente le penne vers le haut, le contact avec le liquide est rompu et la mesure s'arrête).

Je montre une brosse.

– Qu'est-ce que c'est ?

– C'est une brosse.

Je montre un sifflet.

– Qu'est-ce que c'est ?

– C'est un sifflet (tout en le portant à sa bouche et en s'en servant)... et en même temps, ça peut servir à prendre la température de quelque chose.

– Ça peut à la fois servir de sifflet...

– Et de thermomètre ! Mais enfin, c'est un thermomètre qui n'est pas... gradué.

– Est-ce que ce n'est pas curieux que quelque chose serve à la fois de sifflet et de thermomètre ?

– Oui, ce n'est pas très indiqué...

– C'est plutôt un sifflet, ou plutôt un thermomètre ?

– C'est un thermomètre.

– Plutôt qu'un sifflet ?

– Oui.

– (Je retire le sifflet.) Expliquez-moi ce que c'est qu'un sifflet.

– Ça sert à appeler quelqu'un. Vous soufflez dans le sifflet.

– Et qu'est-ce que ça produit ?

– Un son !

Quelques minutes plus tard, je montre l'image d'une valise.

– Qu'est-ce que c'est ?

– Un récipient qui sert à... On a mis là-dedans différents appareils de mesure...

– C'est un récipient qu'on transporte ?

– Oui, on le porte avec soi, comme ça (il fait semblant de porter une valise).

Comme auparavant, Monsieur Mathieu Z. paraît le plus souvent ne pas reconnaître les objets que je lui présente. Plus rarement, il les reconnaît sans hésiter (les lunettes de soleil, la brosse, le peigne). Mais les derniers paragraphes montrent aussi une troisième situation, dans laquelle il semble tout à la fois reconnaître les objets et les prendre pour des thermomètres. Ses réponses oscillent entre les deux options, parfois les combinent. La boîte d'allumettes est reconnue comme un récipient, mais comme un récipient... à thermomètres. Le sifflet sert à siffler, mais aussi à mesurer les températures, etc. Ces répliques peuvent introduire un doute : est-il bien sûr que Monsieur Z. reconnaisse les objets aussi mal qu'il en donne l'impression ? Prenons encore un exemple du même type.

Je place sur la table, devant Monsieur Mathieu Z., une bobine de fil, une bougie, un pinceau, un crayon, une brosse à dents, une feuille de papier. Je lui demande alors d'écrire son nom. Sans hésiter, il saisit le crayon et écrit son nom sur la feuille de papier. Je range les objets et je sors une montre que je lui demande de dénommer. « C'est un thermomètre », répond-il rapidement. Je lui montre alors à nouveau le crayon qu'il a utilisé quelques instants auparavant et je lui demande de me dire ce que c'est. Il répond sans hésiter : « C'est aussi un thermomètre. » Il s'en empare, le prend dans sa main droite tout comme s'il s'en servait pour écrire, mais commente : « Si vous prenez des ingrédients dont il faut se servir à une certaine température, vous avez ça, et vous pouvez lire la température directement là-dessus. » Ses mains semblent dire « c'est un crayon » alors que ses mots signifient « c'est un thermomètre ».

Mais est-ce si surprenant ? Nous savons que dans la vie de tous les jours, Monsieur Z., par exemple, mange sans aide. Nous avons constaté, durant son séjour à l'hôpital, que lorsqu'il était devant son repas, Monsieur Z. saisissait sans erreur la cuiller pour manger la soupe, la fourchette pour manger la viande, le verre pour boire, et ne manipulait heureusement jamais ces objets comme s'il s'agissait de thermomètres. Tout se passait comme si, lorsqu'il ne dit rien, Monsieur Z. retrouvait sa capacité à reconnaître les objets.

Pour vérifier cette idée, l'après-midi suivant la séance précédente, j'ai placé une douzaine d'objets sur la table devant Monsieur Z. Cette fois, je lui ai demandé de les utiliser tout en lui interdisant absolument de prononcer le moindre mot, d'essayer de nommer les objets ou de donner la moindre explication. Brossez-vous les dents ! Peignez-vous ! Écrivez votre nom ! Brossez vos vêtements ! Buvez du café ! Sifflez ! Effacez ce que vous avez écrit ! Faites semblant de peindre la table ! Faites semblant de manger un morceau de viande ! La viande n'est pas assez salée, ajoutez du sel ! Fumez ! Imaginons que vous avez soif, et buvez ! Que vous avez besoin d'ouvrir une porte fermée à double tour ! À chacune de ces consignes, sans exception, Monsieur Z. est allé saisir sur la table l'objet approprié (le stylo pour écrire, la clé pour ouvrir la porte, etc.), démontrant ainsi qu'il pouvait les reconnaître sans erreur. Et pourtant, il s'agissait souvent des mêmes objets qu'il avait désignés comme des thermomètres peu de temps auparavant ! Je remarquais néanmoins, et ce sera l'une des pièces du puzzle, qu'il s'emparait *toujours* des objets placés devant lui avec sa main gauche, puis les passait dans sa main droite pour s'en servir. Monsieur Z. étant droitier, il était bien normal qu'il écrivît ou se brossât les dents de la main droite, mais pourquoi diable s'en saisir d'abord de la main gauche ? Patience ! Vous aurez bientôt tout compris.

Mentionnons encore un aspect important des difficultés de Monsieur Z. Depuis son accident, il était totalement incapable de lire, ce qui le privait de sa distraction préférée et augmentait l'ennui de sa solitude. En effet, il ne parvenait à identifier aucun des mots écrits que je lui présentais, et presque aucune lettre. Pourtant, il écrivait correctement malgré une légère maladresse de la main droite, et pouvait épeler à haute voix sans erreur le mot

« anticonstitutionnellement ». Ses difficultés à reconnaître ce qu'il voyait ne concernaient donc pas que les objets, mais également, et peut-être plus sévèrement encore, les mots écrits.

Quel chemin allons-nous suivre ?

Par où commencer pour démêler l'écheveau ? Les problèmes de Monsieur Z. surviennent aussitôt qu'on lui demande de *nommer* ce qu'il *voit*, qu'il s'agisse de nommer un objet ou de lire un mot à haute voix. Cette tâche de dénomination, apparemment très simple, exige au moins deux facultés de base : la vue, pour reconnaître l'objet, et le langage, pour trouver et articuler son nom. Or le principal organe nécessaire à la vue n'est pas l'œil mais le cerveau, et le principal organe du langage n'est pas la bouche mais encore le cerveau. C'est bien sûr dans le cerveau que se déroulent tous les processus mentaux de perception et d'analyse du monde visuel, d'élaboration et de compréhension du langage. Pour comprendre le cas de Monsieur Mathieu Z., il faut donc commencer par nous munir d'un petit bagage sur les mécanismes cérébraux du langage et de la vision.

Le cerveau qui parle

Comment les régions du cerveau qui élaborent le langage ont-elles été découvertes au XIXe siècle ? Cela nous enseigne quelques grands principes de l'organisation cérébrale.

150 ans plus tard

Quelles sont les méthodes actuelles qui permettent d'analyser les mécanismes cérébraux du langage (et des autres facultés mentales), notamment l'imagerie cérébrale ?

Le cerveau qui voit

Après le langage, la vision est la seconde faculté que nous devons aborder pour comprendre l'homme-thermomètre. Nous découvrirons l'organisation du système visuel, et la multitude des déficits étranges qui peuvent naître de ses pannes.

L'alexie pure

Nous nous attaquerons au diagnostic de l'homme-thermomètre, mais par le biais de la lecture. En effet, plutôt qu'essayer de comprendre ses difficultés à reconnaître les objets, nous commencerons par un cas particulier : ses difficultés à reconnaître les mots imprimés.

Lire et ne pas lire

Nous poursuivrons sur le même thème, pour parvenir enfin à une explication précise de l'étrange comportement thermométrique de Monsieur Z. Mais tout ne sera pas dit...

L'usine à mots

Retournant à la machinerie du langage, nous verrons quelles autres pannes que celle de Monsieur Z. pourraient nous empêcher de prononcer le nom de ce que nous voyons.

Le langage des mains

Le fonctionnement cérébral de Monsieur Z. ne se manifestait pas seulement dans ses paroles, mais tout autant dans ses gestes, lorsqu'il saisissait, manipulait, utilisait des objets. Une incursion dans le domaine de l'apraxie et du contrôle des gestes nous permettra d'y voir plus clair.

Perseverare diabolicum

Pourquoi Monsieur Z. faisait-il toujours la même réponse aberrante, pourquoi persévérait-il (c'est le terme technique) dans sa réponse thermométrique ? Nous envisagerons plusieurs explications possibles, qui seront l'occasion de découvrir de curieux troubles répétitifs du comportement.

Questions ultimes

Comment se fait-il que Monsieur Z. n'ait apparemment eu aucune conscience de ses propres erreurs ? Comment peut-on être aveugle ou paralysé sans le savoir ? Et pour finir, pourquoi choisir les thermomètres plutôt qu'autre chose ?

CHAPITRE 2

Le cerveau qui parle

« *Une merveilleuse collection d'appareils* »

Le récit de la découverte des aires du langage est le mythe fondateur de la neuropsychologie, elle mérite donc un détour avant que nous ne retournions à nos patients. Cette découverte se confond en effet avec l'idée générale de spécialisation cérébrale : les différentes parties du cerveau ont toutes des fonctions bien distinctes, même pour les facultés mentales les plus élaborées comme le langage, les émotions, l'adaptation sociale, etc.[1]. Comme tous les mythes d'origine, il se réduit à quelques grands hommes et néglige la plupart du temps leur contexte intellectuel souvent complexe. Quel est ce récit, en quelques pieuses vignettes ?

Il commence par la personne ambiguë de Franz Josef Gall, médecin, anatomiste, philosophe, né en Autriche en 1758. Imprégné des débats sur l'âme et le corps qui avaient agité tout au long du XVIIIe siècle les cercles de philosophes, naturalistes, anatomistes ou physiologistes, il proposa vers 1800 une théorie qui ne visait à rien de moins qu'à tirer au clair les fondements matériels de l'âme humaine. Cette doctrine, connue sous le nom de « phrénologie », peut être résumée en quelques lignes. Tout d'abord, Gall pensait qu'on ne saurait étudier l'esprit comme une entité indivisible, qu'on devait le considérer comme une association de facultés distinctes et relativement indépendantes. Il en dénombra 27 : vanité, sens de la mécanique, talent poétique, entre autres. Ses disciples en ajoutèrent 8, ce qui ne changeait rien au fond. Cette fragmentation psychologique avait une contrepartie anatomique : selon les phrénologues, chacune de ces facultés aurait pour support une partie bien déterminée du cortex cérébral, un « organe » cérébral. Ce serait l'origine de toutes les particularités individuelles. En effet, le plus ou moins grand développement, chez un individu donné, de ces différentes facultés résulterait de la plus ou moins grande *taille* des régions cérébrales correspondantes. Et comme pour Gall la forme précise du cerveau était innée, le « profil mental » qui en résultait l'était également.

Malheureusement pour lui, le cerveau est bien à l'abri dans le crâne, une boîte épaisse et opaque, de sorte que le profil mental correspondant à la forme du cerveau échappait, il y a deux siècles, à toute observation directe. Afin de confronter sa théorie à l'observation, et faute de pouvoir examiner *in vivo* le cerveau de ses contemporains, Gall avança que lorsqu'une région cérébrale est particulièrement développée, elle repousse la voûte crânienne au cours de la croissance, ce qui produit la formation… d'une bosse. De cette idée reste dans le langage courant la fameuse « bosse des maths ». Les schémas phrénologiques typiques représentent donc un crâne ou une tête divisé en petites cases correspondant chacune en principe à une faculté intellectuelle ou à une qualité morale (Figure 2). Vous trouverez par exemple l'Estime de Soi à l'emplacement de la tonsure, et bien sûr la religiosité tout au sommet du crâne.

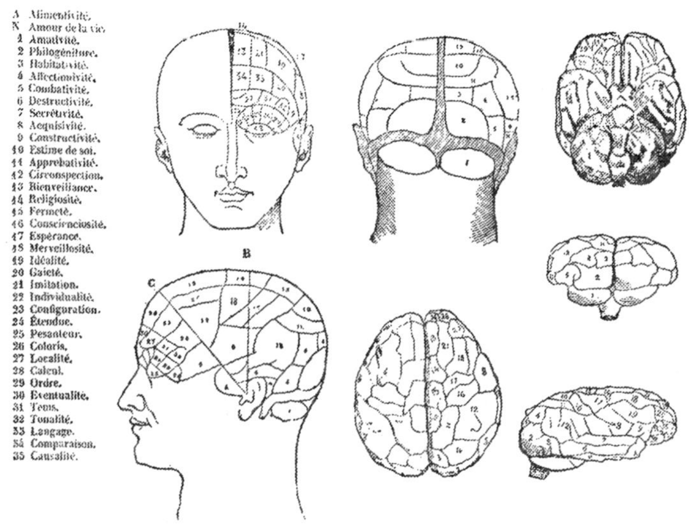

FIGURE 2 – *Tête phrénologique. Une bosse à l'emplacement d'une case donnée est supposée refléter le grand développement de la faculté correspondante. Le cerveau était conçu comme un organe symétrique, et seule une moitié du crâne est donc numérotée. Le langage (case 33) est placé derrière les orbites.*

Les idées de Gall ne lui valurent d'abord que des ennuis. Suspecté de matérialisme et d'athéisme, il fut interdit d'enseignement à Vienne par décret de l'Empereur et, après quelques autres tentatives malheureuses, il se fixa à Paris en 1807. Il y rencontra le succès tant dans les salons mondains que dans les cercles savants, y fut au centre de vives controverses, et y prospéra jusqu'à sa mort en 1828.

Maintenant oubliée, ou rejetée dans l'enfer du charlatanisme avec l'astrologie, la chiromancie ou la numérologie, la phrénologie connut pourtant un immense succès tout au long du XIXe siècle dans toute l'Europe et aux États-Unis. Elle proposait en effet une « science de l'homme » facile à comprendre, sans références à des concepts religieux ou métaphysiques, applicable à toutes sortes de situations quotidiennes. On se faisait palper le crâne avant de choisir un métier ou un conjoint ; les employeurs faisaient palper le crâne des candidats à un emploi. Gall lui-même ne se fit pas faute d'appliquer sa doctrine au diagnostic des criminels, par exemple lors d'une visite des prisons berlinoises en 1805[2]. Il y constata que « les têtes de tous ces voleurs se ressembloient plus ou moins quant à la forme, s'élargissant, un peu plus haut que les sourcils, sur les côtés de la partie chevelue en tirant en arrière ; on y observoit un enfoncement au-dessus des sourcils (manque de générosité ou avarice) ; le front étoit peu saillant et le crâne aplati supérieurement (manque d'organes pour les facultés sublimes de l'esprit) ». Le récit abonde en exemples de clairvoyance de la part de Gall, qui aurait à tout coup deviné la nature exacte des travers et qualités de chaque prisonnier et les causes constitutionnelles de ses crimes. Sa foi absolue dans sa doctrine le conduisit même à ce jugement sans appel : « Les têtes où l'organe du vol se trouva le plus prononcé furent celle de Colombus, et, parmi les enfans, celle du petit H. », qu'il conseilla de tenir enfermé toute sa vie, comme un garnement incorrigible.

Cette phrénologie appliquée devait s'effacer sans laisser de traces. En effet, tout y était faux, hormis sans doute une certaine idée de la spécialisation cérébrale : la liste des facultés dressée par Gall et ses disciples est arbitraire et hétéroclite ; l'idée que les bosses du crâne révèlent les détails de la forme du cerveau est absurde. Et pourtant, deux des principes proposés par Gall se sont avérés scientifiquement féconds pour la compréhension de l'organisation cérébrale et sont devenus des axiomes centraux de la neuropsychologie moderne. D'une part, ce n'est pas l'esprit en général qu'il faut étudier, mais plutôt les différentes facultés mentales qui le composent ; d'autre part, les différentes régions du cerveau remplissent des fonctions différentes, même si l'on considère les fonctions les plus abstraites, commc la mémoire ou les émotions.

L'idée de spécialisation cérébrale fut vivement disputée pendant les deux premiers tiers du XIXe siècle. Ses adversaires, partisans d'une non-localisation des fonctions, pensaient que le cerveau était une masse homogène et indifférenciée, fonctionnant simplement d'autant mieux qu'elle est plus grosse. Il en irait du cerveau comme des poumons ou du foie, dont le haut et le bas, la droite et la gauche, ont les mêmes fonctions. Gall, au contraire, reconnaissait dans le cerveau une « merveilleuse collection d'appareils ».

Le curé de la Forêt-Noire

Quelle était la place du langage dans la doctrine phrénologique ? Il est difficile de trouver, sur un crâne phrénologique, les cases correspondant à cette faculté. En effet, les régions cérébrales attribuées au « sens des mots » et au « sens du langage de parole » se trouvaient dans la région frontale, juste au-dessus des yeux, et les cases se trouvaient... dans les orbites. À vrai dire, l'inspection d'un crâne phrénologique montre que ce n'était pas seulement le langage, mais bien l'ensemble des facultés « intellectuelles » (« sens des rapports des nombres », « talent de la peinture », etc.), qui étaient localisées à l'avant du cerveau, alors que les facultés plus instinctives et les émotions (« instinct carnassier », « amour de la progéniture », etc.) étaient placées à l'arrière. Cette idée très générale dérivait de la comparaison des crânes de différentes espèces animales. En effet, si l'on compare un crâne humain à des crânes de chats, de chiens, ou même de singes anthropoïdes, la différence la plus évidente est le développement chez l'homme de la région frontale (Figure 3). Cette approche, abusivement transposée à l'étude de la proéminence frontale de crânes humains, était d'ailleurs déjà exploitée à l'appui des pires préjugés racistes.

Quoi qu'il en soit, la bosse correspondant à un organe du langage placé au-dessus des yeux ne serait pas visible directement à la surface du crâne, mais, poussant les yeux par derrière, devait les faire saillir des orbites ! On ose à peine le dire, mais c'était bien là l'opinion de Gall. Curieusement, le chapitre qu'il consacra en 1810 au « sens des mots » commence par l'historique de ses années d'école : « Dans ma neuvième année, mes parens m'envoyèrent chez l'un de mes oncles qui étoit curé dans la Forêt-Noire. » Commencées chez son oncle, ses classes se poursuivirent à Bade, Bruchsal, Strasbourg. Et toujours, racontait Gall, « quelques écoliers à *yeux de bœuf* me donnèrent du chagrin lorsqu'il était question d'apprendre par cœur ». Gall rapportait en effet son idée sur la localisation frontale du langage à l'observation précoce que c'était ses camarades de classe aux yeux les plus globuleux qui montraient le plus de facilité à apprendre leurs leçons. Il

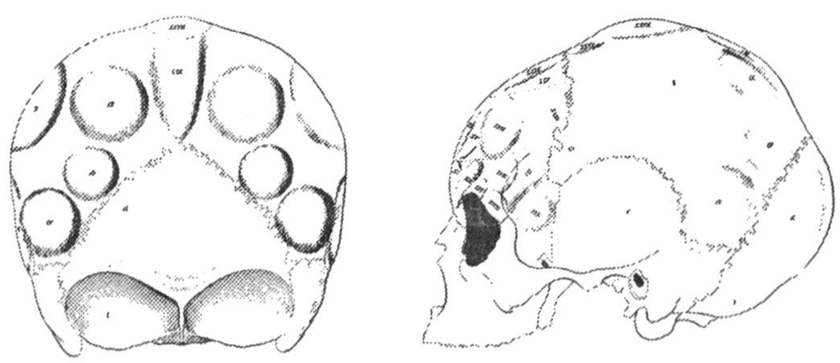

FIGURE 3 – *La région antérieure du crâne étant plus développée chez l'homme que chez l'animal, les phrénologistes avaient placé en arrière les facultés communes aux hommes et aux animaux, et dans les régions frontales les facultés spécifiquement humaines, dont le langage.*

renforçait son argument par diverses anecdotes et observations assez étranges. Ainsi, « les personnes qui font des collections [...] ont de grands yeux à fleur de tête. Il paroît que le besoin de se meubler la tête d'une infinité de noms leur inspire l'amour des collections. Elles éprouvent un grand plaisir à retenir avec une grande facilité les noms de tous ces milliers d'objets qu'elles recueillent ». Suit une longue liste de collectionneurs illustres et exophtalmiques, leurs noms, résidences, et marottes, et qui, selon Gall, « ont tous, sans exception, de grands yeux à fleur de tête ». Il mentionna aussi le cas inverse d'un développement *insuffisant* de l'organe du langage : « Deux femmes de ma maison avaient l'une et l'autre de petits yeux enfoncés. Après plus de huit ans, elles n'avaient pas pu parvenir encore à retenir les noms des personnes auxquelles je donnois habituellement mes soins. » Enfin, fine observation, « lorsqu'une personne est embarrassée pour se rappeler un nom, elle tient les yeux fixés et levés, passe le plat de la main sur les sourcils, se presse et se frotte la partie inférieure du front, comme pour exciter l'activité de la partie cérébrale subjacente ».

Mais on ignore souvent que Gall fit appel à d'autres arguments, beaucoup plus sérieux et très proches des nôtres, pour soutenir son idée de l'existence d'un organe cérébral du langage. Il mentionne les cas d'enfants « de deux à douze, et même de quatorze ans, qui ne savent pas parler, quoiqu'ils entendent bien, et qu'ils ne soient pas idiots, à beaucoup près, au même degré où le sont d'autres enfants qui parlent ». Il anticipait les idées actuelles sur les anomalies sélectives du développement cognitif comme la dyslexie. Contrairement à ce qu'on a longtemps cru, ces enfants ne souffrent ni d'une déficience intellectuelle générale ni d'obscurs troubles affectifs, mais d'anomalies spécifiques du développement de tel ou tel mécanisme inné du langage.

Gall connaissait aussi les cas de patients perdant leur « mémoire des mots » à l'âge adulte, après divers accidents, tout en conservant le reste de leurs facultés mentales. « Un notaire avoit oublié, à la suite d'une attaque d'apoplexie, son propre nom, celui de sa femme, de ses enfants, de ses amis, quoique d'ailleurs sa langue jouit de toute sa mobilité ; il ne savoit plus lire ni écrire, et cependant il paraissoit se ressouvenir des objets qui avoient autrefois fait impression sur ses sens et qui étoient relatifs à sa profession de notaire. On l'a vu désigner avec les doigts des dossiers qui renfermoient des actes qu'on ne pouvoit retrouver, et indiquer, par d'autres signes, qu'il conservoit l'ancienne chaîne de ses idées. » D'autres cas, faisant suite à des blessures plus faciles à localiser, orientaient vers les régions frontales. « Un officier fut blessé d'un coup de pointe, immédiatement au-dessus de l'œil. Il me dit que depuis ce moment il avait beaucoup de peine à se rappeler les noms de ses meilleurs amis. » Si ces dernières observations confortaient l'idée que des régions du cerveau aient été dévolues au langage de façon innée, les données anatomiques étaient trop vagues pour qu'on pût rien dire de sérieux sur leur localisation. En somme, si son influence théorique fut grande, la contribution empirique de Gall à la localisation des aires du langage resta donc modeste.

En 1825, trois ans avant la mort de Gall, Jean-Baptiste Bouillaud soumit cette théorie à l'observation médicale. S'appuyant sur l'examen d'un bon nombre de patients ayant perdu la parole à la suite de lésions cérébrales, il montra que cette faculté dépendait des régions frontales du cerveau, sans beaucoup plus de précision anatomique[3]. Toutefois, il n'emporta pas l'adhésion de l'ensemble de ses confrères, si bien que, trente-six ans plus tard, le débat sur la spécialisation cérébrale en général, et le siège du langage en particulier, n'était guère plus avancé.

Tan-Tan, *sacré nom de Dieu !*

En février 1861, se réunit la Société d'anthropologie autour du même Bouillaud, devenu entre-temps un digne mandarin de la médecine parisienne, de son gendre et supporter Auburtin, et de Paul Broca. Celui-ci, un des membres fondateurs de la Société et son secrétariat général, est un des très grands noms de la médecine du XIXe siècle[4]. Il a été parmi les premiers à utiliser le microscope en médecine ; il a décrit le mécanisme des métastases cancéreuses, développé diverses techniques chirurgicales, et publié des travaux dans d'innombrables domaines de la médecine. Il s'adonnait également à l'anthropologie, ce qui signifiait alors l'étude scientifique de l'homme en tant qu'espèce animale, et notamment la comparaison des supposées races humaines. Un sujet aux frontières de la médecine et de l'anthropologie agitait en ce mois de février la Société d'anthropologie : la spécialisation cérébrale, en particulier la localisation de la faculté du langage. Auburtin résuma et défendit les thèses de son beau-père Bouillaud sur le rôle des lobes frontaux. On s'accorda à penser que les données concluantes manquaient encore.

Ces données nouvelles, Broca les communiqua deux mois plus tard à la Société d'anthropologie, et ce faisant signa l'acte de naissance de la neuropsychologie moderne[5]. Il était déjà convaincu par les observations de Bouillaud que les lobes frontaux sont le lieu de la parole, n'y voyant qu'un cas particulier de la localisation frontale des facultés les plus élevées. On oublie souvent que, parallèlement à ses études sur le langage, Broca publia à la même époque de nombreux travaux de mesures du volume de la boîte crânienne pour fonder l'inégalité des races humaines. Ce qui, selon lui, restait à démontrer, c'était que les facultés fussent localisées chacune en un point précis d'une même circonvolution cérébrale définie pour tous les individus.

Il raconte : « Le 11 avril 1861, on transporta à l'infirmerie générale de Bicêtre, service de chirurgie, un homme de 51 ans, nommé Leborgne, atteint d'un phlegmon diffus gangréneux de tout le membre inférieur droit, depuis le cou-de-pied jusqu'à la fesse. Aux questions que je lui adressai le lendemain sur l'origine de son mal, il ne répondit que par le monosyllabe *tan*, répété deux fois de suite, et accompagné d'un geste de la main gauche. » Fermier jusqu'à l'âge de 30 ans, Leborgne avait alors perdu dans des circonstances peu claires la faculté de parler, et avait été hospitalisé à Bicêtre d'où il n'était plus sorti depuis vingt et un ans. À son arrivée, Leborgne s'était montré « parfaitement valide et intelligent, et ne différait d'un homme sain que par la perte du langage articulé. Il allait et venait dans l'hospice où il était connu sous le nom de *Tan*. Il comprenait tout ce qu'on lui disait ; il avait même l'oreille très fine ; mais, quelle que fût la question qu'on lui adressât, il répondait toujours *tan, tan*, en y joignant des gestes très variés au moyen desquels il réussissait à exprimer la plupart de ses idées. Lorsque ses interlocuteurs ne comprenaient pas sa mimique, il se mettait aisément en colère, et ajoutait alors à son vocabulaire un gros juron, un seul [Sacré nom de Dieu !]. Tan passait pour égoïste, vindicatif, méchant, et ses camarades, qui le détestaient, l'accusaient même d'être voleur. [...] Quoique le malade fût à Bicêtre, on n'eut jamais la pensée de le faire passer dans la division des aliénés. On le considérait au contraire comme un homme parfaitement responsable de ses actes ». Indépendamment de cette aphasie, une paralysie de la moitié droite du corps (hémiplégie) frappa « Tan » dix ans après son entrée. L'anthropologue-neuropsychologue Broca était fasciné : Leborgne avait perdu une faculté mentale élémentaire, c'était l'occasion de trancher tous les débats en cours. Quant au chirurgien Broca, il paraît que c'était malheureusement un cas désespéré et que sa fin était proche. Examiné le 12 avril, Leborgne mourut le 17. Broca extrait aussitôt son cerveau, l'exhiba dès le lendemain devant la Société d'anthropologie, puis le plongea au plus vite dans un bocal d'alcool pour le préserver de la putréfaction. Il en fera un examen plus détaillé quelques mois plus tard.

Que révèle l'inspection du cerveau de Leborgne (Figure 4) ? L'hémisphère droit est intact[6]. En revanche, le cortex de l'hémisphère gauche est détérioré sur une bonne surface. Au sein de cette lésion, une petite zone est plus complètement et plus anciennement détruite : l'arrière (ou « pied ») de la troisième circonvolution frontale (ou F3). C'est donc à cette troisième circonvolution frontale que Broca attribua le « langage articulé », sous réserve que d'autres cas confirment cette localisation. Jusqu'à ce jour, les aphasies où prédomine une réduction de la parole, mais qui préservent la compréhension du langage s'appellent « aphasies de Broca » et le pied de F3 la « région de Broca ».

Au cours des années suivantes, Broca se chargea de recueillir les cas d'autres patients comparables. Leborgne n'était pas isolé, d'autres patients souffrant d'un trouble de la parole présentaient une lésion de la troisième circonvolution frontale, dans la limite des données anatomiques parfois imprécises. Cette stabilité de la localisation d'un patient à l'autre a une grande importance théorique. En effet, elle suggère que, conformément aux idées phrénologiques, non seulement les fonctions cérébrales sont localisées, mais qu'elles le sont d'une manière fixe et universelle chez tout le monde. L'organisation des modules cérébraux apparaît bien comme une caractéristique biologique de l'espèce humaine, comme le fait d'avoir deux yeux ou deux jambes.

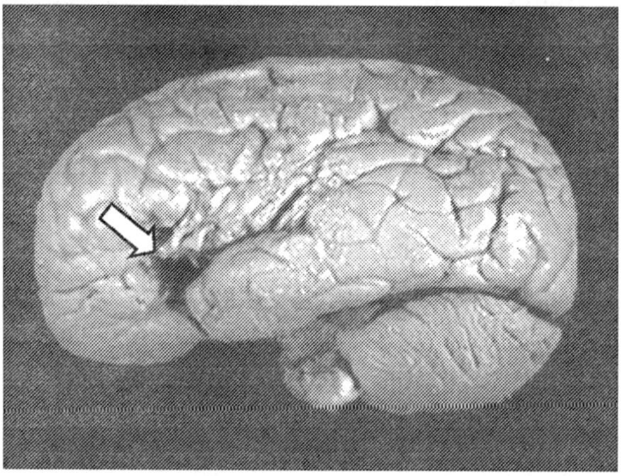

FIGURE 4 – *Le cerveau de Monsieur Leborgne, dit* Tan Tan. *Le centre de la lésion (flèche) se trouve dans l'arrière de la troisième circonvolution frontale gauche, ou région de Broca.*

« *Un fait aussi étrange...* »

Certes, les cas de troubles de la parole que rassembla Broca au cours des années 1861 à 1865 confirmaient son hypothèse de l'importance de la troisième circonvolution frontale, mais elles lui réservaient une surprise de taille : toujours, presque sans exception, la lésion se trouvait dans l'hémisphère gauche tandis que l'hémisphère droit était indemne. Pourquoi était-ce là une surprise ? Retournons au schéma phrénologique : des cases *identiques* sont placées sur la moitié droite et la moitié gauche de la tête. La doctrine de Gall postulait en effet que les deux hémisphères étaient identiques, et même que tout déséquilibre entre la localisation droite et la localisation gauche d'une faculté serait responsable de graves dérangements de l'esprit. Déjà Xavier Bichat (1771-1802) avait soutenu que tous les organes de la vie « animale » (c'est-à-dire qui ont trait à l'âme) ont une organisation symétrique : les mains, les yeux ou les oreilles qui perçoivent, les nerfs qui conduisent ces perceptions au cerveau, naturellement le cerveau lui-même d'où émanent les actions, à leur tour transmises jusqu'aux bras et aux jambes, eux aussi organes symétriques. « Quand habituellement le jugement est inexact, que toutes les idées manquent de précision, ne sommes-nous pas conduits à croire qu'il y a défaut d'harmonie entre les deux côtés du cerveau ? Nous voyons de travers, si la nature n'a mis de l'accord dans la force des deux yeux. Nous percevons et nous jugeons de même, si les hémisphères sont naturellement discordants : l'esprit le plus juste, le jugement le plus sain, supposent en eux l'harmonie la plus complète[7]. » Broca rappela d'ailleurs lui-même que les deux hémisphères ont exactement la même forme et qu'il est de règle que « deux organes pairs ou symétriques aient les mêmes attributions, et qu'il serait tout à fait étrange que cette loi eût à subir ici une exception violente ». Les deux yeux ou les deux oreilles ont la même fonction, pourquoi pas les deux hémisphères ?

Sa surprise conduisit Broca à observer que le langage n'est pas seul en son genre et qu'on connaissait une autre grande asymétrie cérébrale. Depuis toujours, on sait qu'environ neuf humains sur dix sont droitiers. Cette droiterie généralisée existe aussi loin qu'on puisse remonter dans le passé de l'homme, elle se retrouve à l'identique sous toutes les latitudes. Or Broca savait bien que le système nerveux a une organisation croisée : la main droite est commandée par l'hémisphère gauche et *vice versa*. Par conséquent, le fait que la plupart des gens sont droitiers signifie que l'hémisphère gauche est en général « dominant » non seulement pour le langage, mais aussi pour l'habileté manuelle. De ce rapprochement entre langage et habileté manuelle surgit l'esquisse d'une explication. Des observations de cerveaux de fœtus, d'ailleurs non confirmées par la suite, avaient suggéré que l'hémisphère gauche se développerait, en fin de grossesse, un peu plus rapidement que le droit. Broca suggéra donc qu'au moment où ils acquièrent les compétences les plus élaborées et les plus exigeantes, comme le langage et l'utilisation des mains, les jeunes enfants s'appuient essentiellement sur l'hémisphère le plus développé, c'est-à-dire le gauche. Et voilà comment il a fait passer l'asymétrie cérébrale du statut d'observation aberrante à celui de marque distinctive de l'élévation intellectuelle de l'espèce humaine, et a promu l'hémisphère gauche au rôle prestigieux d'hémisphère dominant.

L'idée d'une dominance gauche s'est imposée notamment par l'observation des dégâts causés par des lésions gauches, en particulier la perte de l'usage de la main droite et la perte du langage. Les conséquences des lésions droites sur les fonctions intellectuelles n'ont été élucidées que plus tard, après que se fut imposé le concept de dominance globale de l'hémisphère gauche. Les lésions de l'hémisphère droit peuvent empêcher de reconnaître les visages les plus familiers, de s'orienter dans l'espace, de saisir le sens de l'intonation et de la prosodie des discours.

L'étude anthropologique du cerveau humain était déjà encombrée par deux grandes échelles de valeur : la valeur d'un être humain, ou de sa « race » serait proportionnelle d'une part au volume de son cerveau, d'autre part à la proéminence de ses régions frontales. Avec le concept de dominance de l'hémisphère gauche est apparue une troisième échelle : la supériorité intellectuelle se marquerait par une plus grande asymétrie cérébrale, en faveur bien sûr de l'hémisphère gauche. En quête d'une justification biologique, les préjugés sociaux, racistes et sexistes ont jeté leur dévolu sur l'asymétrie hémisphérique, et il s'est trouvé des savants pour affirmer que les hommes sont plus asymétriques que les femmes, les riches que les pauvres, les Blancs que les Noirs, voire même, Bismarck oblige, les Français que les Allemands[8].

La valorisation intrinsèque de la dominance gauche ne fait plus partie des idées reçues. En revanche, nous vivons encore sous le règne d'un second effet pervers de la découverte de Broca : la caricature de l'opposition entre hémisphère droit et hémisphère gauche. Nous sommes ainsi faits que nous aimons décrire la réalité, notamment celle de l'esprit, au moyen de couples : bien et mal, conscient et inconscient, rationnel et instinctif, logique et artistique, masculin et féminin, etc. Toutes ces dichotomies, et bien d'autres, ont été à un moment ou un autre tôt ou tard plaquées sur l'opposition droite-gauche, et il ne se passe pas de mois où ne paraissent des articles exaltant la valorisation des dons cachés de l'hémisphère droit, sa libération de l'hégémonie rationaliste du « cerveau gauche », etc. Dans les chapitres suivants, nous allons voir en action les deux hémisphères. Nous allons éviter d'entrer dans des débats oiseux sur la dominance hémisphérique et nous allons même renoncer totalement à cette expression pour la remplacer par celle, plus ouverte et plus exacte, de *spécialisation* hémisphérique : certaines fonctions relèvent de l'hémisphère gauche (le langage, l'habileté manuelle, etc.), d'autres de l'hémisphère droit.

Notons d'ailleurs qu'il n'est pas exceptionnel que le langage et l'habileté manuelle, les deux piliers de la soi-disant dominance globale de l'hémisphère gauche, ne logent pas dans le même hémisphère. En effet, si 95 % des droitiers ont le langage à gauche, il en va de même pour 70 % des gauchers. Autrement dit, chez 70 % des gauchers, le langage ressortit d'un hémisphère (le gauche) et l'habilité manuelle sur l'autre (le droit). Inversement, il existe des droitiers (fort rares, j'en conviens) dont le langage est l'apanage de l'hémisphère droit.

Ces deux fonctions ne sont donc pas nécessairement liées, même si elles vont souvent de pair.

Ce trontreuil est bien décrandé !

Broca lui-même était bien clair sur ce point : la région qui porte maintenant son nom n'était le siège que de la commande des mouvements de la parole, et non de la faculté du langage en général. De fait, la grande révélation des années qui ont suivi ses travaux fut celle de la diversité de l'aphasie, ou plutôt *des* aphasies. En effet, les neurologues ont décrit d'autres patients, souffrant de troubles du langage bien différents de ceux de Leborgne, à la suite de lésions de l'hémisphère gauche situées à distance de la région de Broca. Le cas le plus fameux est celui des patients décrits en Allemagne par Karl Wernicke en 1874[9] : bavards, verbeux, prolixes, à l'articulation claire et aisée, aux discours toutefois incompréhensibles, farcis de néologismes insensés, et apparemment incapables de comprendre les questions les plus simples. Leur langage abondant et leur compréhension catastrophique contrastaient avec les aphasiques de Broca, au langage réduit mais dont la compréhension restait correcte. Leurs lésions différaient également puisqu'elles touchaient souvent l'arrière de la partie haute du lobe temporal gauche (Figure 5), région à laquelle le nom de Wernicke est resté attaché et qui joue un rôle crucial dans la compréhension du langage, entre autres.

Rien ne vaut un bon exemple. Voici un fragment de dialogue filmé il y a vingt ans à la Salpêtrière entre Jean-Louis Signoret et Monsieur S., alors âgé de 68 ans, victime quelques jours plus tôt d'un accident vasculaire cérébral. Monsieur S., distingué et souriant, parle avec abondance et distinction, avec l'accent un peu recherché et l'articulation scrupuleuse de la bonne bourgeoisie du Paris de jadis. Il accompagne ses paroles de gestes précis et de mimiques expressives. Et pourtant ce dialogue en est à peine un. On demande à Monsieur S. de répéter le mot « poisson » :

– Poisson ! Cercé poisson, le vesson était versé, il était mort ! Ce poisson n'est plus valable, n'est plus errapant, il n'a plus son rimpant, il perd, verse, verse, verse... Mais il n'était, il n'avait... Mais nous l'avons vêtu, ce poisson, pendant X temps.

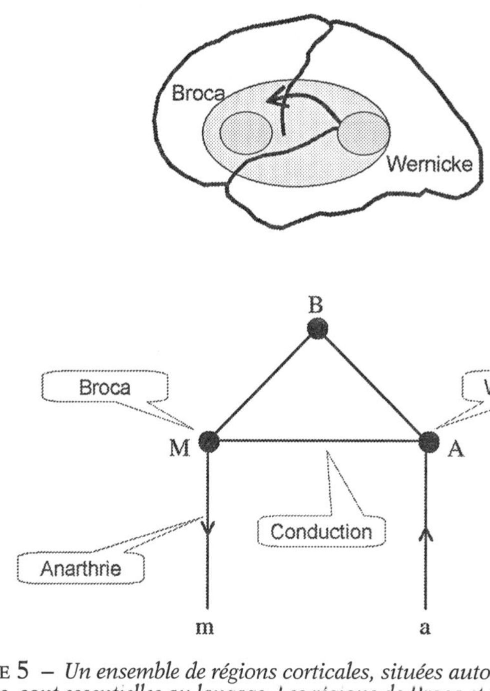

FIGURE 5 – *Un ensemble de régions corticales, situées autour de la scissure de Sylvius, sont essentielles au langage. Les régions de Broca et de Wernicke ont été associées aux aphasies du même nom. Wernicke avait prédit l'existence d'une aphasie « de conduction » par lésion des connexions conduisant de l'une à l'autre. Lichtheim a proposé en 1884 un modèle simple du langage normal cherchant à rendre compte de la variété des aphasies.*

On lui demande maintenant de répéter le mot « soldat » :

– Jeute, jeute, jette lame... le grand vœu, le grand vœu ! Alors, contuisons pandré, très mandri, le soizon très embêtant. Michichidant le canglistère... le canglistère, très malable !

On lui demande de nommer un marteau qu'on lui présente :

– Un petit parteau, un parteau. Péoche une pétéoche... sur la moto pour la fulcure, un petit métante. Culture... la culture ferme !

Et maintenant de nommer un peigne :

– Le col ! OK, fine (en anglais), très bien ! Vous m'avézez. Vous voulez que je litte ? Que je litte un peu ? (il se peigne) What ? What do you tène ? Ici très bien, bien nœud ! C'est bien touché, très bon en net, en nan-nène, très valable. C'est un zilable, je me content très bien.

Puis une fourchette :

– Et ça ? Vous me cricottez ça, vous me crittez ce petit babeil, comme s'il voulait absolument tréver, me gréver quelque chose, voulait m'étantéger. Si vous voulez cette huelle comme quelque chose de bien, de valé, de prélevé, de trop vite en trop bonne, avec de bonnes choses... un pélonque peut-être ! Si vous voliez voir ce qu'être, ce l'âtre, ce lonte voulait le prendre, ce tron-treuil est bien décrandé, bien bondé, me valoir comme pondu !

Et tout à l'avenant ! Qu'on demande à Monsieur S. de raconter sa vie, ou de lire les fables de La Fontaine, il produit le même jargon, témoignant d'une désorganisation profonde de son langage. Profonde mais pas générale : l'articulation est bonne, tous les mots qu'il invente pourraient être vrais, et il sait assembler quelques phrases (incompréhensibles) possédant sujet, verbe et compléments. Cette aphasie de Wernicke caricaturale, désastreuse, est bien différente de l'aphasie qui a frappé Monsieur Leborgne, dit « Tan-Tan » : les pannes du langage offrent un monde de variétés. Région de Broca, région de

Wernicke, d'autres encore, on découvrit dans les dernières décennies du XIXe siècle que le langage repose sur le fonctionnement de tout un ensemble de zones de l'hémisphère gauche. Ces zones sont connectées entre elles et chacune remplit des fonctions différentes, mais bien difficiles à cerner exactement encore aujourd'hui. Elles sont pour l'essentiel regroupées autour du plus grand repli cortical visible à la surface du cerveau, la scissure de Sylvius.

Notre approche de ces questions n'est pas très éloignée de celle des neurologues de la fin du XIXe siècle. Comme eux, nous cherchons à déterminer quelles sont les régions cérébrales impliquées, quelles fonctions remplit chacune d'elles, comment elles communiquent entre elles, etc. Comme à cette époque, nous cherchons à formuler ces idées sous la forme d'hypothèses anatomo-fonctionnelles : quelles structures anatomiques et quelles fonctions ? Sur la base de l'observation de patients « de type Broca » et de patients « de type Wernicke », ledit Wernicke a proposé une théorie anatomofonctionnelle dont l'influence a été durable. Il pensait schématiquement que « sa » région contiendrait la « mémoire auditive des mots », le souvenir des sons permettant de reconnaître les mots correspondants. Quant à la région de Broca, elle rendrait capable de produire, d'articuler les mots. Il comprenait ainsi l'opposition schématique entre les aphasiques « de Broca » qui parlent peu et mal mais comprennent bien, et les aphasiques « de Wernicke », qui comprennent mal et parlent abondamment. Abondamment certes, mais pas normalement : Wernicke suggérait que les anomalies du langage des aphasiques du genre trontreuil de Monsieur S. résulteraient de la perte de contrôle du système de production, intact, par le système de compréhension, détruit.

Wernicke prédit l'existence d'une troisième sorte d'aphasie, dite « de conduction ». À cette époque, les anatomistes décrivaient de façon de plus en plus précise les faisceaux de connexions unissant les différentes régions du cerveau, notamment le « faisceau arqué », qui réunit le lobe temporal et le lobe frontal. Wernicke suggéra donc que la lésion de ce faisceau séparerait les régions de Wernicke et de Broca, et produirait cette fameuse aphasie « de conduction ». Quelles devraient être ses caractéristiques ? Un patient qui en serait atteint devrait comprendre normalement mais jargonner comme un aphasique de Wernicke. L'histoire sainte de la neuropsychologie raconte que c'est dix ans plus tard, en 1884, que Ludwig Lichtheim a effectivement décrit ces patients tant attendus[10]. En plus des symptômes qu'avait prédits Wernicke, ils montraient de grandes difficultés à répéter les mots ou les phrases qu'on leur faisait entendre, ce qui s'explique tout naturellement par la déconnexion entre compréhension et production de la parole. Lichtheim ne s'est pas arrêté là. Il a ajouté au modèle de Wernicke un autre « centre », représentant les concepts, la signification des mots, et donné au modèle la forme d'une petite maison (Figure 5). Ce modèle plus riche permettait de rendre compte d'une plus grande diversité de troubles du langage. Si, par exemple, on coupe la connexion entre le centre de la reconnaissance des mots et le centre des concepts, le patient peut répéter tout ce qu'il entend sans rien y comprendre. On parle alors d'aphasie « transcorticale sensorielle ». Si l'on déconnecte le centre des concepts du centre de la mémoire motrice des mots, on peut prédire l'existence de patients dont la mécanique du langage fonctionne, qui peuvent répéter et comprendre, mais qui ne font pas usage de leur langage pour exprimer leurs idées. C'est ce qu'on appelle, comme en miroir de la situation précédente, l'aphasie « transcorticale motrice ». Mais arrêtons là ce récit de l'histoire ancienne, et voyons ce que cela nous apprend.

Le principe de la brosse à dents

Les aphasiologistes de la fin du XIXe siècle ont donc proposé des modèles, comme celui de Lichtheim dont nous venons de parler. Il s'agissait idéalement de modèles tout à la fois fonctionnels et anatomiques. Un modèle purement « fonctionnel » chercherait à expliquer une fonction en la ramenant aux opérations plus élémentaires qui la composent, sans pour autant se soucier de la machinerie cérébrale sous-jacente. Comment votre calculette fait-elle pour multiplier 5 par 7 ? Je l'ignore, mais on peut imaginer au moins deux modèles différents. Soit elle récupère le résultat dans une mémoire où seraient stockés tous les résultats des tables de multiplication, soit elle calcule le résultat à la demande, par exemple en additionnant de façon itérative 5 + 5 + 5 + 5 + 5 + 5 + 5, ou en utilisant une table de logarithmes stockée dans sa mémoire. Admettons que la deuxième explication soit la bonne et que la machine fasse une série d'additions. Cette explication est purement *fonctionnelle* : elle décrit la série d'opérations élémentaires à effectuer, leur ordre, etc., sans rien dire des caractéristiques matérielles de la machine : cette série d'additions pourrait être faite par une machine mécanique pleine d'arbres à came, par un ordinateur à architecture parallèle, par un système hydraulique de ruisseaux et de vannes, etc. Il y a dans la petite maison de Lichtheim un modèle fonctionnel élémentaire du langage, puisqu'on y distingue des opérations relativement élémentaires connectées entre elles : comprendre un mot, articuler, se souvenir d'une signification, etc. Mais en plus, le modèle est *anatomique* puisqu'il cherche à spécifier quelles sont les structures cérébrales qui réalisent chacune de ces opérations. Établir un modèle fonctionnel et anatomique de la manière dont notre machine effectue les multiplications oblige à ouvrir la boîte noire et à plonger les mains dans le cambouis des arbres à came si c'est une machine mécanique, bref à se soucier de la machinerie qui fait le travail.

La distinction entre l'étude purement fonctionnelle du langage (ou d'autres fonctions mentales) et l'étude de ses fondements cérébraux est utile pour mettre de l'ordre dans ses idées, mais elle n'est absolument pas étanche. En dernier ressort, l'approche fonctionnaliste et l'approche neurale étudient un seul et même objet, le cerveau. Tout ce qu'on peut apprendre sur le fonctionnement neuronal impose des contraintes au modèle fonctionnel s'il doit être plausible. En retour, les analyses fonctionnelles guident la recherche des mécanismes cérébraux. Si je sais que comprendre et produire un mot sont des opérations différentes, alors je sais qu'il faut chercher des mécanismes cérébraux distincts pour ces deux opérations. Au-delà de cet exemple simple, l'intégration de toutes les voies d'approche et de toutes les sources de données est au cœur de ce qu'on appelle, depuis moins de vingt ans, les « neurosciences cognitives ».

Le modèle de Lichtheim est donc un honorable ancêtre des neurosciences cognitives du langage. Quelles sont ses lacunes ? Peut-on faire mieux aujourd'hui ? Son défaut principal, c'est d'être évidemment trop simple, beaucoup trop simple, aussi bien du point de vue fonctionnel que du point de vue anatomique.

Une brosse à dents est un instrument fort utile mais relativement simple. Par conséquent, la variété de ses pannes possibles est limitée : son manche peut se casser, elle peut perdre ses poils, et... c'est à peu près tout. En revanche, une navette spatiale est une machine bien compliquée, elle peut donc, je suppose, tomber en panne de dizaines de milliers de manières différentes. Comme on s'en doute, la machinerie cérébrale du langage est plutôt du côté de la navette que de la brosse à dents, si bien que la variété de ses pannes est quasi illimitée. En revanche, le modèle de Lichtheim, malgré ses mérites, est plutôt du côté de la brosse à dents. La finesse et la complexité de la machinerie cérébrale du langage se révèlent dans la diversité des aphasies possibles, en particulier dans la sélectivité stupéfiante que ces troubles peuvent présenter. Classer les patients dans de vastes fourre-tout tels que « aphasie de Broca », « aphasie de Wernicke » et ainsi de suite, comme on le fait souvent pour des raisons de commodité, ne peut en aucun cas rendre compte de cette richesse. Comment essayer de rapprocher le modèle du niveau de complexité de l'objet qu'il est censé représenter ? Nous allons voir quelques-uns des outils dont nous disposons, tout à la fois pour raffiner la description fonctionnelle et pour préciser l'étude neuro-anatomique.

CHAPITRE 3

Cent cinquante ans plus tard

Cent cinquante ans plus tard, comment faire mieux que les grands ancêtres ? Nous venons de voir que le problème a deux faces, distinctes mais indissociables : quelles sont les briques élémentaires du fonctionnement mental ? Comment élucider leurs mécanismes cérébraux ?

Ddoouubblleess lleettttrreess

Faut-il écrire « apercevoir » ou « appercevoir », « courier » ou « courrier », « bizare » ou « bizarre » ? À première vue, le redoublement des lettres semble être un aspect marginal du vaste domaine du langage. Marginal peut-être, mais instructif pour une des questions que nous venons de poser : comment identifier les briques élémentaires du fonctionnement mental ?

Tout d'abord, il existe des patients qui omettent de doubler les lettres ou qui à l'inverse en écrivent plus de deux à la suite, alors qu'ils ont beaucoup moins de difficultés avec les groupes de consonnes sans redoublement[1]. Cela suggère déjà que les doubles lettres ont quelque chose de spécial. D'autres déficits plus subtils permettent d'entrer dans le détail de la machinerie. Michael McCloskey et ses collègues ont décrit le cas de H. E. qui, à la suite d'un accident cérébral, manifesta des difficultés bien particulières dans l'écriture des doubles lettres[2]. Il lui arrivait de doubler une autre lettre que la bonne. Par exemple NEEDLE (aiguille) était écrit NEDDLE, PARROT (perroquet) transformé en PAROTT. En bref, il y avait un redoublement dans les mots qui en demandaient un, mais ce redoublement avait tendance à glisser d'une lettre à l'autre au lieu de porter sagement sur la lettre qui lui était assignée. Rapprochons le cas d'un autre patient, L. B., qui lui aussi avait de sérieuses difficultés avec les doubles lettres (entre autres), mais différentes de celles de H. E[3]. Il faisait des erreurs comme PEZZO (morceau) transformé en ZEPPO, ou CELLULA (cellule) transformé en LECCULA. Autrement dit, les lettres étaient parfois inversées, mais le redoublement, lui, restait au bon endroit ! Quand il dut écrire le mot PEZZO, H. E. inversa Z et P mais le redoublement ne suivit pas le Z dans son déplacement et continua d'affecter la troisième lettre du mot, qui était maintenant le P.

Que montrent ces observations minutieuses ? Elles nous apprennent quelque chose sur la manière dont les mots sont représentés dans notre cerveau. Elles suggèrent que le mot APPUI, par exemple, n'est pas représenté comme A + P + P + U + I, cinq lettres indépendantes telles cinq perles sur un collier. Elles suggèrent plutôt qu'il est stocké sous la forme A + P + U + I (avec un seul P), et qu'en outre la lettre P porte marquée d'une étiquette qui dit « cette lettre doit être redoublée », quelque chose comme A + P^2 + U + I. Les performances des patients H. E. et L. B. s'expliquent ainsi assez facilement. Chez H. E., les lettres sont rangées dans le bon ordre, mais les étiquettes de redoublement s'en sont désolidarisées et ont glissé d'une lettre à l'autre. Chez L. B. en revanche, les lettres sont dans le désordre, mais les étiquettes de redoublement sont restées au bon endroit.

Cette histoire subtile est très stimulante pour un neuropsychologue, elle comporte en effet plusieurs leçons[4]. Elle montre que le langage résulte d'une machinerie complexe et que la petite maison de Lichtheim est bien loin du compte : où sont les doubles lettres, sans parler de la syntaxe des propositions relatives, de la finesse des accords, de l'usage des pronoms, etc. ? Cet exemple est aussi encourageant puisqu'il montre que la neuropsychologie a un accès privilégié aux entrailles mêmes de la machine par l'analyse de pannes miraculeusement sélectives. Mais on ne pourra pas faire l'économie d'une analyse fonctionnelle précise du langage et de ses désordres. Indépendamment même des questions portant explicitement sur les mécanismes neuraux, il faut reconnaître dans le langage un ensemble de structures et de règles d'assemblage très élaborées. Il faut être prêt à accepter que les vagues intuitions grammaticales que tout un chacun a du fonctionnement de la langue ne suffiront pas à donner une description adéquate des phénomènes que nous étudions. Le neurologue ou l'imageur du cerveau qui se piquent de langage doivent savoir que la linguistique et la psycholinguistique existent (et réciproquement). Ce dialogue n'est pas nouveau, par exemple dans les années 1960 le linguiste Roman Jakobson a explicitement cherché à dériver de ses théories une grille de lecture des troubles aphasiques[5]. Mais c'est à partir des années 1970-1975 que l'alliance a été fermement conclue entre les sciences « non neurales » du langage, linguistique et psycholinguistique alors dans leur adolescence, et la neurologie clinique. Cette alliance donna naissance à la « neuropsychologie cognitive », dont les travaux sur les doubles lettres que je viens de résumer sont une illustration typique. Mais quel est au juste l'objet de la neuropsychologie cognitive ?

En général, chaque étude porte sur un patient et un seul. Ce patient est choisi parce qu'il présente une dissociation remarquable, c'est-à-dire un déficit qui touche une fonction bien définie mais qui en épargne d'autres, ou inversement un déficit *épargnant* une fonction bien définie. On recueille alors chez ce patient des données assez abondantes ce qui permet de faire une étude statistique de son comportement sans se limiter à des exemples anecdotiques : rien d'exceptionnel à faire lire (en plusieurs fois...) une liste de deux mille mots à un patient pour étudier finement ses erreurs. On emploie toujours des tâches variées afin de cerner le mieux possible le mécanisme de la panne. Par exemple, si un patient n'arrive pas à donner le nom des objets qu'on lui montre, la seule manière d'identifier la source du problème est de le soumettre aussi, par exemple, à une tâche de classement d'objets (mettre ensemble les images d'animaux, les images d'outils, etc.). Si le patient parvient à faire le classement, on soupçonnera que son incapacité à nommer les images vient du fait qu'il ne trouve pas leurs noms, et non de ce qu'il ne les reconnaît pas.

Le scalpel de diamant : la double dissociation

Au-delà de l'approche expérimentale, la neuropsychologie cognitive a pour objectif principal de comprendre le fonctionnement mental *normal*. Or élucider celui du langage revient pour une large part à *fragmenter* celui-ci en composants simples distincts les uns des autres. Comme on l'a vu, le modèle de Lichtheim impliquait déjà une fragmentation puisqu'il distinguait au sein du langage la mémoire des formes auditives de mots, celle des formes motrices, la sémantique, etc. La neuropsychologie cognitive vise à une fragmentation du même type, mais beaucoup plus poussée, plus détaillée, plus explicite. Il est donc crucial de disposer d'un outil à fragmenter, d'une sorte de « scalpel fonctionnaliste ». Cet outil providentiel existe, et il a un nom : la « double dissociation ». C'est dans le domaine de la lecture que la neuropsychologie cognitive s'est d'abord illustrée. Un des articles fondateurs de cette méthode a été publié en 1973 par John Marshall et Freda Newcombe[6]. Voici une présentation schématique de leur approche, qui met en valeur l'opération du scalpel en diamant, la double dissociation.

Deux remarques pour commencer (Figure 6). Premièrement, on peut lire des « pseudo-mots » : vous voyez la suite de lettres « CHIGNADORLE » pour la première fois de votre vie et pourtant vous n'avez aucun mal à la lire à haute voix. Cela prouve que vous connaissez les correspondances régulières entre lettres et sons : les lettres CH se prononcent en général « ch », la lettre I se prononce « i », etc. Seconde remarque, vous pouvez lire des mots « irréguliers » : quand vous lisez le mot OIGNON, vous dites « ognon » et pas « ouagnon », alors même que OI se lit presque toujours « oua » (c'est en ce sens que OIGNON est irrégulier). Donc, vous ne connaissez pas seulement les correspondances régulières entre lettres et sons, vous connaissez aussi par cœur la prononciation des mots. De ces deux remarques découle un modèle à deux voies de la lecture normale. Pour passer d'un mot que vous voyez à sa prononciation, vous pouvez vous y prendre en effet de deux manières : appliquer les règles qui permettent de prononcer lettre par lettre, ou reconnaître le mot et récupérer sa prononciation dans votre mémoire, dans votre lexique mental.

Jusqu'à quel point ce modèle à deux voies est-il vrai ? Reposent-elles sur deux systèmes cérébraux distincts ? C'est là que la neuropsychologie entre en scène. Il existe des patients qui souffrent de ce qu'on appelle une « dyslexie phonologique » devenus totalement incapables de lire des pseudo-mots comme

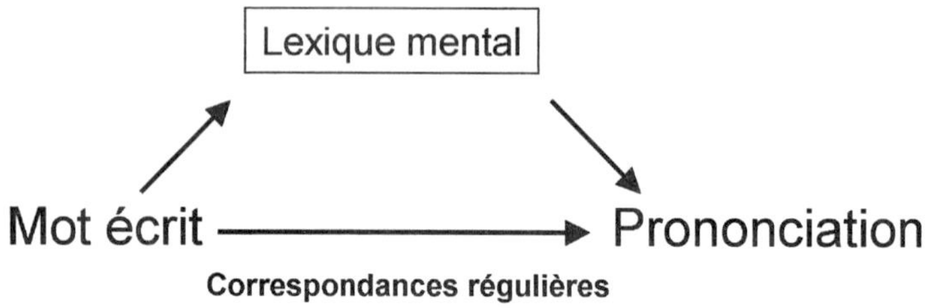

FIGURE 6 – *On peut parvenir à la prononciation d'un mot écrit soit en appliquant les règles de correspondance habituelles entre lettres et sons, soit en reconnaissant le mot écrit et en retrouvant sa prononciation dans la « mémoire des mots » ou lexique mental. De ces deux voies résultent au moins deux variantes de troubles de la lecture.*

CHIGNADORLE alors même qu'ils lisent correctement les vrais mots. L'interprétation est limpide : la dyslexie phonologique est le résultat d'une destruction de la voie de lecture par application de règles, la seule possible pour lire les pseudo-mots. Les vrais mots, eux, sont lus par la voie lexicale. Victoire ! Nous avons démontré qu'il existe bien deux voies de lecture puisque l'une peut tomber en panne et pas l'autre ! Victoire ? Non ! Pas encore. On peut imaginer bien d'autres explications de la dyslexie phonologique. On pourrait dire par exemple que lire des listes de mots inexistants est une tâche inhabituelle, pénible, et que pour des patients fatigués, il est normal de se tromper plus souvent qu'avec des vrais mots, et cela même s'il n'existe pas deux voies de lecture mais une seule, bonne à tout faire.

Il existe une autre sorte de patients, qui souffrent d'une autre variété de dyslexie, dite « de surface ». Pour eux, pas de difficulté à lire les pseudo-mots. Leur voie de lecture régulière est donc intacte. Qu'en est-il des vrais mots ? Cela dépend. Ceux dont la prononciation peut être déduite de leur orthographe, comme CARAMEL, ne posent pas de problème, ce qui est normal si l'on admet l'intégrité de la lecture régulière. En revanche, les mots irréguliers donnent lieu à des erreurs, notamment à des erreurs de régularisation. Par exemple, un tel patient lirait OIGNON... « ouagnon ». Cela s'explique naturellement si l'on admet que la voie de lecture lexicale est hors d'usage. Cette fois, une explication non spécifique en termes de difficulté générale des mots par rapport aux pseudo-mots, ou le contraire, ne tient pas.

Avec les deux types de patients considérés conjointement, nous avons une vraie démonstration qu'il existe deux voies distinctes. Bref, pour montrer qu'on est face à deux processus indépendants, il faut observer non seulement que l'un (A) peut être détruit alors que l'autre (B) est intact, mais aussi l'inverse, que l'un (A) peut être intact quand l'autre (B) est détruit. C'est là ce qu'on appelle une « double dissociation », un des outils conceptuels de base qui permet de couper l'intellect en tranches.

On pourrait dire que les premiers outils dont nous disposons pour essayer de mieux faire que Broca et Wernicke, ce sont les théories et les méthodes développées essentiellement par les sciences du langage normal, agrémentées de quelques apports spécifiques comme les doubles dissociations. Mais il y a un grand absent, au moins sous sa forme charnue : le cerveau. Dans beaucoup d'articles de cette sorte, on ignore tout ou presque de la localisation de la lésion cérébrale. Il y a de multiples raisons idéologiques ou pratiques, bonnes ou moins bonnes, à cette omission : les techniques modernes d'imagerie n'ont commencé d'apparaître qu'à l'extrême fin des années 1970 ; ces travaux sont souvent l'œuvre de psychologues assez éloignés de la neurologie ; les modèles cognitifs, comme celui des deux voies de lecture, ne disent rien des structures cérébrales impliquées. Or si notre but est de comprendre comment fonctionnent le cerveau en général et celui de l'homme-thermomètre en particulier, il nous faudra essayer de lier étroitement, comme Lichtheim, fonction et structure. Passons donc au second type d'outils apparus depuis l'époque des pères fondateurs : l'imagerie cérébrale.

Comment faire du neuf avec du vieux

De quels moyens, inconnus de Wernicke ou Broca, disposons-nous aujourd'hui pour étudier la fonction des diverses régions cérébrales ? Avant de parler de techniques élaborées récemment, et totalement insoupçonnables au siècle dernier, il faut admettre qu'on peut encore apprendre énormément de choses en employant la même méthode que les grands anciens, c'est-à-dire en faisant de simples corrélations entre l'emplacement d'une lésion et ses conséquences. Suivons un peu la piste de l'aphasie de Broca. Lui-même avait été clair : ce qu'il pensait avoir localisé dans la troisième circonvolution frontale, c'était la capacité de programmer les mouvements de la bouche, de la langue et de toute la machinerie de la parole, mais pas la faculté plus abstraite du langage, le choix des mots, la construction des phrases, etc. Or, rapidement, l'étiquette « aphasie de Broca » allait être apposée sur un large éventail de patients. De fait, il est rare que les aphasiques à la suite de lésions de l'hémisphère gauche n'aient *que* des problèmes d'articulation. Souvent, ils parlent peu, ont du mal à trouver leurs mots, s'expriment en phrases télégraphiques et non grammaticales. Voici un exemple typique cité par Théophile Alajouanine : « Euh, hémiplégie, euh, fulgurant, euh, hôpital Pasteur, Nice, Nice. Euh, Docteur Dupont. Euh, euh, examens, enfin, examens, euh, enfin, un coma, euh, un petit peu. Euh, un mois, un mois, euh, pavillon F3, du, euh, Docteur Durand. Les reins. Euh, kinésithérapeute. Marche, euh, euh, très bien, enfin, un peu, un peu. » Ces patients ont aussi du mal à comprendre les phrases à l'organisation un tant soit peu compliquée comme : « Le garçon que la fille regarde a-t-il un chapeau ? » L'usage s'est finalement imposé de désigner sous le nom d'« aphasiques de Broca » tous les patients à la parole réduite, laborieuse, et plus ou moins capables de comprendre ce qu'on leur dit, tous réunis sur la foi d'un certain air de famille. Mais ce faisant, on a mis dans le même panier des poires, des pommes et des oranges, ou pire encore. Pourquoi ? Une navette spatiale, faite de milliers de pièces et de circuits, a potentiellement d'innombrables manières de tomber en panne. Si elle n'arrive pas à décoller, ou à voler droit, les causes possibles sont très nombreuses, elles peuvent être localisées en toutes sortes d'endroits. Le langage, produit d'une mécanique cérébrale extrêmement compliquée et subtile, peut lui aussi tomber en panne de mille manières différentes. Parler de l'aphasie de Broca, entité aux contours flous, comme d'une entité bien définie résultant d'une cause précise ne vaut guère mieux que regrouper sous une même étiquette toutes les pannes qui empêcheraient une navette de décoller ou de voler droit.

De cette confusion dans la définition de ce qu'est l'aphasie de Broca naît naturellement une confusion au niveau anatomique. En 1993, Willmes et Poeck ont compilé 221 cas de patients aphasiques[7]. Chacun a été classé dans une des catégories classiques – aphasie de Broca, aphasie de Wernicke, etc. –, les lésions cérébrales ont été localisées au scanner, et les auteurs ont cherché les relations attendues entre type d'aphasie et localisation des lésions. Leurs conclusions ont été sévères pour les corrélations anatomo-cliniques. Pour ne prendre qu'un exemple, parmi les aphasiques de Broca, environ un sur deux seulement avaient une lésion de la région frontale gauche (incluant l'aire de Broca). Inversement, parmi les aphasiques ayant une lésion de cette région, seulement un tiers souffraient d'une aphasie de Broca !

Quelle est la morale de ces observations ? Faut-il abandonner toute idée de localisation stable des fonctions mentales et jeter le bébé avec l'eau du bain ? Certainement pas ! Qu'un syndrome aussi flou et variable que l'aphasie de Broca ne corresponde pas à une localisation précise ne veut pas dire qu'on ne puisse pas localiser une fonction proprement définie. Le problème n'est pas le principe de la localisation d'une fonction en tant que tel, mais le choix de la bonne question à poser.

En 1996, inspirée par une réflexion de ce genre, Nina Dronkers a tenté un retour aux sources[8]. Elle a cherché à localiser dans le cerveau le siège du contrôle de l'articulation, c'est-à-dire de la fonction même que Broca pensait être perdue chez Monsieur Leborgne, dit « Tan-Tan ». Pour ce faire, elle a recruté 44 patients devenus aphasiques à la suite de lésions de l'hémisphère gauche. Elle a distingué parmi eux 25 patients souffrant d'un problème de contrôle de l'articulation, appelé « anarthrie » (Figure 5), et 19 patients aphasiques mais à l'articulation parfaite, tout cela sans se soucier de la grande catégorie (Broca, Wernicke, etc.) à laquelle appartenaient ces patients. Elle a ensuite superposé les images des lésions révélées par le scanner ou l'IRM chez les patients souffrant et ne souffrant pas de problèmes articulatoires. Le résultat fut remarquablement clair : il existe une petite région du cortex appelée *insula* (« île » en latin), cachée au fond de la scissure de Sylvius, sous la région de Broca, qui était détruite chez *absolument tous* les patients souffrant de problèmes articulatoires, et intacte chez *absolument tous* les patients à l'articulation préservée (Figure 7, voir hors-texte). Il s'agit donc d'une région critique pour le contrôle cortical de l'articulation, qu'il est nécessaire et suffisant de léser pour obtenir ce type précis de trouble de l'articulation. Quelle est la morale de cette histoire ? Aujourd'hui comme au temps de Broca, on peut localiser les voies cérébrales corrélées à un symptôme pourvu qu'on choisisse un symptôme précis et non ambigu.

Nous avons les moyens de vous voir parler

Ce n'est sans doute pas la possibilité d'avoir des images anatomiques du cerveau vivant qui a le plus révolutionné l'étude du cerveau humain, mais plutôt l'imagerie dite « fonctionnelle ». Il s'agit de toute une panoplie de techniques dont le point commun est de montrer les opérations qui surviennent dans le cerveau pendant qu'il est en train de travailler, de parler, de lire, de calculer, de commander un mouvement, etc. À titre d'exemple, voyons comment une méthode maintenant vénérable (et déjà un peu dépassée), la tomographie par émission de positons, nous permet de voir les aires du langage chez des gens bien portants et nullement aphasiques.

D'abord, un soupçon de physiologie cérébrale. Quand l'activité augmente dans une région donnée du cerveau, les besoins en sucre et en oxygène de ses cellules augmentent également. Un système subtil de régulation de l'apport sanguin, encore assez mal compris, permet de satisfaire cette augmentation temporaire et locale des appétits cellulaires. Le cerveau est un organe très gourmand puisqu'il consomme environ 30 % de l'énergie totale dépensée par l'organisme. Ce système de régulation locale de la circulation cérébrale permet de grandes économies en adaptant précisément les apports d'énergie aux besoins de l'instant : si la région de Broca a un urgent besoin d'énergie, il n'est pas nécessaire de suralimenter inutilement tout le cerveau pour la satisfaire, il suffit d'augmenter le débit sanguin *uniquement* dans la région de Broca. Si nous avons un moyen de voir dans quelles régions cérébrales le débit sanguin augmente pendant une activité donnée, nous pourrons donc en déduire que l'activité des neurones augmente dans ces mêmes régions. C'est ce que la tomographie par émission de positons (ou TEP) permet de faire.

Imaginons que nous voulions étudier grâce à la TEP les activations cérébrales au cours de l'écoute d'histoires. Nous allongeons un volontaire dans la machine. Sa tête est au centre d'une couronne de détecteurs de rayons β+, ou positons. Nous injectons dans une veine de son bras une petite quantité de produit radioactif qui se distribue dans toute la circulation sanguine. On utilise souvent de l'eau (H_2O) contenant un atome d'oxygène radioactif (O^{15}) au lieu de l'atome d'oxygène ordinaire. Quand il se désintègre, un atome d'O^{15} émet un positon. Un positon ressemble comme deux gouttes d'eau à un électron, mais il est électriquement positif au lieu d'être négatif. À proximité immédiate de son lieu de naissance, le positon rencontre son frère ennemi, un électron, et tous deux se désintègrent pour donner naissance à une paire de photons, émis dans des directions diamétralement opposées. Pendant 30 secondes, le volontaire reste oisif et les détecteurs qui entourent sa tête recueillent les paires de photons émis. Quand une paire est détectée par deux détecteurs opposés, cela veut dire qu'une désintégration a eu lieu sur la ligne qui les joint. Schématiquement, les ordinateurs qui digèrent ces données reconstruisent une carte du cerveau en trois dimensions indiquant en chaque point quelle est la radioactivité, et donc le débit sanguin, et donc l'appétit des neurones, et donc leur activité. Ensuite, tout en lui faisant une seconde injection de traceur radioactif, on demande au volontaire d'effectuer une tâche qu'on souhaite étudier, pendant 30 autres secondes, tandis que les détecteurs continuent leur tâche. On peut par exemple lui faire écouter une histoire, *via* un casque placé sur ses oreilles. La carte du cerveau calculée sur la base des mesures faites pendant qu'il écoute l'histoire diffère un peu de la carte obtenue au repos. En effet, les régions qui travaillent plus pendant l'audition que pendant le repos seront visibles sous forme d'augmentation locale de la radioactivité. En réalité, ces changements sont si faibles que pour avoir des résultats statistiquement significatifs, il faut en général répéter l'expérience chez plusieurs sujets et faire la moyenne de toutes ces données.

Cette expérience a été réalisée des dizaines de fois sous diverses variantes. À titre d'exemple, Daniela Perani et ses collaborateurs ont cherché à comprendre comment deux langues différentes peuvent cohabiter dans un même cerveau[9]. Tous les petits d'homme apprennent leur langue maternelle au cours des premières années de leur vie. Point n'est besoin de la leur enseigner de façon scolaire et explicite : il suffit qu'ils soient plongés dans le bain de parole produit par toute société humaine pour que leur apprentissage se fasse sans peine. Plus tard, il est toujours possible d'acquérir une seconde langue. Mais cet apprentissage tardif va en général demander une instruction explicite, des leçons. En outre, passé un certain âge (vers 10 ans), il deviendra virtuellement impossible d'apprendre une seconde langue de façon parfaite. Il persistera un petit accent, un manque d'aisance dans les constructions grammaticales complexes, etc. Cette situation soulève plusieurs questions passionnantes : la première et la seconde langue reposent-elles sur des circuits cérébraux identiques ou distincts ? Comment se fait le passage d'une langue à l'autre ? Comment fonctionnent les mécanismes de traduction ? En 1996, pour aborder la première de ces questions, l'équipe de Perani a fait écouter des histoires à des étudiants italiens, tout en recueillant des images d'activation cérébrale avec la méthode de TEP que nous venons de décrire. Ces histoires pouvaient être soit en italien (la langue maternelle), soit en anglais (la seconde langue), soit en japonais (une langue totalement inconnue). À titre de référence, ils ont également présenté les histoires en japonais en passant les bandes à l'envers, ce qui donne des sons physiquement comparables à de la parole, mais qu'aucun gosier humain ne saurait produire. Voyons quelques-uns des résultats !

L'audition d'histoires en italien activait plusieurs régions cérébrales, parmi lesquelles de vieilles connaissances : les régions dites « de Broca », dans le lobe frontal gauche, et « de Wernicke » dans le lobe temporal gauche. Résultat rassurant : les données de l'imagerie fonctionnelle et de la neuropsychologie classique étaient compatibles. Les régions dont l'importance pour le langage avait été démontrée sur la base de lésions cérébrales apparaissaient activées chez des sujets normaux pendant que ceux-ci utilisaient effectivement leur langage. Mais qu'en était-il des autres langues ? Les histoires en japonais produisaient des activations cérébrales beaucoup plus réduites que l'italien, ce qui n'avait rien d'une surprise. Ces activations étaient limitées aux régions auditives, qui s'activent dès qu'on entend des sons, en particulier des sons un tant soit peu complexes, mais n'allaient guère au-delà. Ce n'est pas étonnant puisque entendant les histoires en japonais, les sujets ne pouvaient ni reconnaître des mots, ni analyser la grammaire, ni accéder à la signification de quoi que ce soit. Mais qu'en était-il de l'anglais, la seconde langue ? Contrairement à ce que la plupart d'entre nous attendions, les activations cérébrales en anglais étaient identiques aux activations... en japonais ! Ce résultat était pour le moins surprenant : les sujets ne comprenaient rien au japonais, alors qu'ils comprenaient très bien les histoires anglaises. Pourquoi ne trouvait-on aucune activation qu'on puisse corréler à cette compréhension des phrases anglaises ? L'IRM fonctionnelle a permis de tirer au clair ce paradoxe.

Un très gros aimant

La première fois que je suis entré dans la salle où trône la machine d'IRM à 3 Tesla du CEA à l'hôpital d'Orsay, j'ai senti mon pantalon bouger tout seul : alors que je me déplaçais dans la pièce, la boucle métallique de ma ceinture se tortillait et tentait de s'échapper sous l'effet d'un puissant champ magnétique. Il n'est guère possible d'expliquer comment fonctionne réellement l'IRM sans entrer dans les arcanes de la physique quantique, mais le dispositif en est le suivant. Le sujet dont on veut voir l'intérieur de la tête, ou d'ailleurs de n'importe quelle partie du corps, s'allonge dans un tube placé au cœur d'un puissant aimant. Il s'agit d'un aimant supraconducteur, c'est-à-dire constitué de bobines de plusieurs kilomètres de fil plongées dans l'hélium liquide. À titre indicatif, ces aimants engendrent un champ magnétique au moins 15 000 ou 30 000 fois (et maintenant jusqu'à 90 000 fois) plus intense que le champ magnétique terrestre. On arrose alors le sujet de bouffées d'ondes radio subtilement dosées. Le corps absorbe d'abord ces ondes, puis en renvoie à son tour. Ces ondes émises sont recueillies par des antennes placées autour du sujet et leur analyse permet de reconstruire des images très précises de l'intérieur du corps. Cette technique est tout à fait inoffensive, ne demande aucune injection, ne met en jeu ni radioactivité ni rayons X. Elle est encore très bruyante, mais moyennant des bouchons dans les oreilles, on peut même tester de tout petits bébés sans que cela les empêche de s'endormir[10].

Le premier usage de ces machines est simplement de localiser les lésions cérébrales et d'en déterminer la nature comme le montrent plusieurs figures de ce livre. Mais la même machine d'IRM permet aussi de voir le cerveau en action. Comme pour la TEP, l'IRM fonctionnelle ne mesure pas l'activité neuronale mais les changements circulatoires locaux qui reflètent indirectement cette activité neuronale. Comment cela est-il possible sans qu'il soit nécessaire d'injecter aucun produit radioactif ? En réalité, l'IRM fonctionnelle utilise bien un produit traceur, mais il s'agit d'un produit naturellement présent dans le corps. Ce n'est autre que l'hémoglobine, la protéine transportée par les globules rouges qui est chargée de convoyer l'oxygène depuis les poumons jusqu'aux tissus de l'organisme. Plus précisément, l'hémoglobine existe sous deux formes : elle arrive dans les tissus chargée d'oxygène (c'est l'oxy-hémoglobine), elle leur en abandonne une partie et se transforme alors en... déoxy-hémoglobine. Or l'oxy-hémoglobine est invisible en IRM alors que la déoxy-hémoglobine a pour effet de noircir l'image. Que se passe-t-il quand un petit volume de cerveau augmente son activité ? La quantité de sang qui y est contenue augmente, mais comme l'hémoglobine est majoritairement de l'oxy-hémoglobine, il en résulte paradoxalement une diminution globale de la déoxy-hémoglobine et donc... une augmentation du signal IRM. En bref, une augmentation d'activité neurale se traduit par une teinte localement plus claire de l'image fournie par l'IRM. Ce sont des changements minuscules et donc très difficiles à détecter, mais les techniques actuelles sont si sensibles qu'elles permettent de déceler les activations cérébrales lorsqu'*un* individu voit *un* mot écrit sur un écran. L'IRM fonctionnelle permet ce que ne permettait pas la TEP : étudier en action le cerveau d'un seul individu, et pas seulement l'activité moyenne de tout un groupe de sujets.

Pour illustrer l'intérêt de ces analyses individuelles, revenons au paradoxe du bilinguisme : pourquoi diable n'y avait-il aucune différence entre les activations cérébrales observées chez des Italiens qui écoutent des histoires (compréhensibles) en anglais et des histoires (incompréhensibles) en japonais ? Stanislas Dehaene et ses collaborateurs ont publié en 1997 une étude similaire à celle de Perani, mais en utilisant l'IRM fonctionnelle au lieu de la TEP : ils ont comparé l'audition d'histoires dans la langue maternelle, dans une seconde langue bien connue, et dans une langue inconnue[11]. Ils ont alors examiné les régions activées séparément dans le cerveau de chacun de leurs sujets. Pour la langue maternelle, les activations étaient semblables chez tous les sujets de l'expérience : il s'agissait toujours des régions classiques du langage. En revanche, lorsque les sujets écoutaient une histoire en anglais, leur seconde langue apprise à l'école, les activations différaient nettement d'un sujet à l'autre. Notamment, les uns et les autres mettaient à contribution leur hémisphère droit à des degrés très variables. Les seules activations réellement communes étaient, naturellement, les régions des lobes temporaux consacrés à la perception auditive de base. Rappelons que la TEP obligeait à faire la moyenne des activations de tous les sujets. Elle ne laissait donc voir que les activations communes à tous les sujets, c'est-à-dire ces régions auditives qui sont évidemment les mêmes pour des histoires anglaises ou japonaises. Les régions qui n'étaient activées que chez un ou deux sujets n'apparaissaient pas dans l'image moyenne de tout le groupe.

La clé du paradoxe est donc fournie par l'IRM fonctionnelle. Les gens qui maîtrisent (imparfaitement) une seconde langue mettent à contribution des réseaux d'aires cérébrales qui ne sont pas identiques chez tout le monde. Mais pour le mettre en évidence, encore fallait-il disposer d'une technique suffisamment sensible pour montrer les activations cérébrales sujet par sujet.

Cet exemple du bilinguisme en deux épisodes a pour objet de présenter les bases des deux méthodes importantes d'imagerie cérébrale, la TEP et l'IRM fonctionnelle. Mais pour en finir avec le bilinguisme, voici quelques informations de plus sur le sujet. Qu'en est-il de l'aphasie chez les multilingues ? En un mot : c'est un vaste chaos ! Toutes les combinaisons imaginables existent. La première langue peut être plus affectée que la seconde... ou bien le contraire. La première langue peut récupérer plus vite que la seconde... ou bien le contraire. Mais cette diversité elle-même n'est pas surprenante si l'on considère la diversité dans les mécanismes cérébraux de la seconde langue (et sans doute de la troisième, de la quatrième...) d'un individu à l'autre que nous a révélée l'IRM fonctionnelle. Néanmoins, cette diversité semble surtout concerner les langues qui ne sont pas maîtrisées aussi parfaitement que la langue maternelle. En effet, lorsqu'on teste des interprètes professionnels, qui ont accédé à une maîtrise supérieure de leur seconde langue, on s'aperçoit que les régions activées sont superposables pour les deux langues et se limitent aux régions classiques du langage[12]. Il semble donc que ce ne soit que pour des langues imparfaitement connues que le cerveau recourre à des bricolages exotiques et variés normalement inutiles une fois la langue parfaitement assimilée. Mais si l'on regarde à la loupe les régions classiques du langage, qui servent pour les deux langues des sujets bilingues, on peut s'apercevoir qu'elles sont fragmentées en aires encore plus menues. Ainsi, en 1997, Kim et ses collaborateurs ont montré, au sein de la région de Broca, que les activations maximales observées lorsque les sujets *parlaient* l'une ou l'autre de leurs deux langues étaient distinctes de quelques millimètres[13], au moins lorsqu'une des deux langues avait été acquise plus tardivement (Figure 8, voir hors-texte). Des résultats analogues ont été observés aux alentours de la région de Wernicke lorsque des bilingues *écoutent* des histoires dans l'une ou l'autre de leurs langues[14].

Là, oui, mais quand ?

Les méthodes d'imagerie fonctionnelle cérébrale sont diverses et variées, aucune n'a toutes les qualités. Rêvons un peu à la technique idéale. Elle permettrait tout à la fois de savoir où dans le cerveau et à quel instant précis dans le temps se produit chacune des étapes qui conduisent, par exemple pendant la lecture d'un mot, de l'entrée de ce mot dans le cerveau en provenance des yeux jusqu'à sa sortie du cerveau en direction de la bouche. On appelle « résolution spatiale » la capacité d'une technique à informer sur le lieu des activations, et « résolution temporelle » sa capacité à informer sur l'instant de ces activations. Les techniques que nous avons décrites jusqu'à présent, la TEP et plus encore l'IRM fonctionnelle, valent surtout par leur résolution spatiale, guère hélas pour leur précision temporelle. Elles ne permettent assurément pas de disséquer finement la demi-seconde que prend la lecture d'un mot. Cela tient au fait que ce n'est pas l'activité des neurones eux-mêmes qui est enregistrée, mais, comme nous l'avons vu, les variations de débit sanguin local corrélées aux variations d'activité neurale. Or rappelons que ces ajustements de débit ne sont pas immédiats, ils prennent plusieurs secondes pour se produire et se dissiper. Il existe heureusement d'autres méthodes qui permettent de mesurer l'activité électrique des cellules nerveuses elles-mêmes et donc de suivre les événements, milliseconde par milliseconde, à l'instant même où ils se déroulent. La technique la plus classique est la mesure des « potentiels évoqués ». On place sur la tête du sujet un certain nombre d'électrodes qui mesurent le champ de potentiel électrique évoqué par l'activité cérébrale.

Cette méthode a pour défaut d'avoir une résolution spatiale nettement moins fine que l'IRM. Même si l'on pouvait conclure qu'exactement 220 millisecondes après avoir vu un mot, une activité électrique apparaît en haut et à l'arrière de l'hémisphère gauche, on ne pourrait pas déterminer à coup sûr dans quelle circonvolution, voire dans quel lobe, cette activité trouve son origine. Mais il y a pire encore. Imaginons que deux événements électriques se produisent à peu près en même temps, l'un dans le lobe pariétal et l'autre dans le lobe frontal. Les champs électriques se mélangent, se superposent, se confondent, et c'est malheureusement le résultat de ce mélange que mesurent les électrodes placées sur le scalp. Il est alors impossible de déterminer avec certitude si l'activité enregistrée reflète deux événements distincts ou un événement unique situé quelque part à mi-chemin des deux, voire même trois événements indissolublement intriqués ! C'est ce qu'on appelle en termes savants le « problème inverse » : comment localiser ce qui, dans une tête en trois dimensions, a donné naissance aux champs électriques mesurés sur la surface en deux dimensions de la peau qui emballe cette tête ? À titre d'entraînement, on peut toujours essayer de faire rentrer la mayonnaise dans le tube d'où elle est sortie.

Cette présentation est tout de même trop pessimiste. Pour peu que les électrodes qu'on répartit sur la tête soient assez nombreuses, la localisation peut tout de même être convenable. À l'extrême, si l'on a la chance d'observer un événement électrique sur une électrode et une seule parmi cent, on pourra raisonnablement conclure que cette onde reflète ce qui se passe dans le petit bout de cortex qui se trouve juste en dessous. On trouvera des exemples de ce que peut nous apprendre cette technique aux pages 135 et 182.

Il existe d'autres méthodes pour mesurer « en temps réel » l'activité des neurones. Ainsi, une cousine des potentiels électriques évoqués dont nous venons de parler, la magnéto-encéphalographie (MEG). Au lieu de mesurer les champs électriques induits par l'activité des neurones, on mesure les champs magnétiques. Notons seulement que les champs magnétiques cérébraux sont excessivement faibles, quasi insaisissables, leur mesure exige des prouesses technologiques aussi bien pour amplifier suffisamment le signal fantomatique que pour se protéger des interférences que pourraient créer... un métro ou un avion qui passe, un téléphone portable, etc. Certains avaient rêvé que la MEG serait la méthode parfaite, le Graal de l'imagerie, douée d'une résolution temporelle et spatiale ne laissant rien à désirer. La réalité est sans doute beaucoup plus nuancée, mais cette technique est encore loin d'avoir épuisé tout son potentiel.

Éloge de la poêle à frire

Les méthodes d'imagerie dont nous venons de parler ont bien des vertus, mais la vieille neuropsychologie garde de précieux atouts. En particulier, l'imagerie ne nous dit pas si une région donnée est vraiment nécessaire à une tâche donnée. Si l'IRM fonctionnelle ou la TEP montrent des activations dans une douzaine de régions cérébrales pendant qu'on récite *Le Corbeau et le Renard*, cela n'implique pas que toutes les régions qui s'allument sont réellement *nécessaires* à cette récitation. Peut-être pourrait-on (qu'à Dieu ne plaise !) en retirer quelques-unes sans empêcher le sujet de continuer sa récitation ? À ce genre de question, la neuropsychologie peut souvent répondre : si la région de Wernicke est détruite et que le sujet en devient aphasique, elle pourra assurément conclure que cette région était nécessaire au fonctionnement normal du langage. Sommes-nous encore, cent cinquante ans après Broca, entièrement soumis au hasard, qui place les lésions cérébrales où il veut, et non là où les scientifiques le voudraient ?

Il existe une technique, la stimulation magnétique transcrânienne (SMT), qui essaie de répondre à ce désir lancinant du neuropsychologue : comment créer des lésions dans un cerveau jeune et vaillant, juste à l'endroit où il le souhaite ? Comment la SMT fonctionne-t-elle ? On place contre le crâne du sujet une bobine de fil électrique, de la taille d'une poêle à frire. On y fait passer un courant électrique bref et intense. La variation rapide du courant électrique crée un champ magnétique transitoire qui pénètre dans le crâne juste en regard de la bobine. La variation du champ magnétique suscite à son tour un courant électrique à l'intérieur du cerveau. Ce courant interfère avec le fonctionnement normal des neurones, soit en les excitant, soit au contraire en bloquant temporairement leur activité électrique, selon les nombreux paramètres de stimulation que l'on peut contrôler. Une des techniques consiste à répéter les stimulations au rythme d'environ une par seconde. Dans ces conditions, la région cérébrale qui se trouve sous la bobine est rendue inexcitable pendant la série de stimulations (et même un peu au-delà). Naturellement, les choses rentrent dans l'ordre quelques instants après la stimulation. La SMT permet donc schématiquement d'observer les effets d'une lésion située où l'on veut, lésion purement fonctionnelle qui ne dure qu'autant que dure l'expérience. La figure 9 présente les pionniers de la SMT, lesquels sont parvenus il y a bientôt un siècle à induire des impressions visuelles en stimulant leur propre cerveau. Mais prenons un exemple plus récent.

Nous avons vu que le système cérébral du langage était une machinerie complexe, donnant lieu aux pannes les plus variées. Ainsi, il existe des patients dont les troubles aphasiques touchent de façon disproportionnée certains types de mots plutôt que d'autres : les petits mots grammaticaux (qui, que, puisque...) plutôt que les mots à contenu (manger, chaise, jaune...), les mots abstraits (qualité, cause...) plutôt que les mots concrets (table, cochon...), les mots dont l'orthographe est régulière (patin) plutôt qu'irrégulière (oignon), les verbes plutôt que les noms, etc. Toutes ces dissociations montrent que différentes classes de mots sont traitées par le cerveau selon des processus distincts. En 2001, Kevin Shapiro et ses collègues se sont attaqués à la dissociation entre verbes et noms[15]. On savait déjà que certains patients souffraient de difficultés sélectives dans l'usage des verbes mais pas des noms, ou des noms mais pas des verbes. Or il semblait que chez les patients présentant des difficultés particulières avec les verbes, les lésions se trouvaient en général dans la région frontale gauche. Pour étudier à son gré le rôle du cortex frontal gauche dans la manipulation des verbes, Shapiro a montré à des sujets bien portants des noms au singulier ou des verbes à l'infinitif en leur demandant de les mettre au pluriel (pour les noms) ou à la troisième personne du singulier (pour les verbes). Or il se trouve qu'en anglais, ces deux opérations se résument, dans les deux cas à ajouter un « s » à la fin : « *house* » devient « *houses* », et « *run* » devient « *runs* ». Ces transformations sont donc en *apparence* semblables alors qu'elles impliquent *en réalité* des manipulations grammaticales très différentes. Après avoir effectué cette tâche simple dans des conditions normales, les sujets l'ont de nouveau exécutée en étant soumis à une stimulation magnétique de la région frontale gauche. Celle-ci, au rythme de un coup par seconde, avait pour effet d'assommer de façon sélective la région concernée. Quels furent les résultats ? La SMT a fortement ralenti et gêné la réponse aux verbes mais nullement la réponse aux noms. Conclusion : la région frontale gauche joue bien un rôle spécifique et irremplaçable dans la manipu-

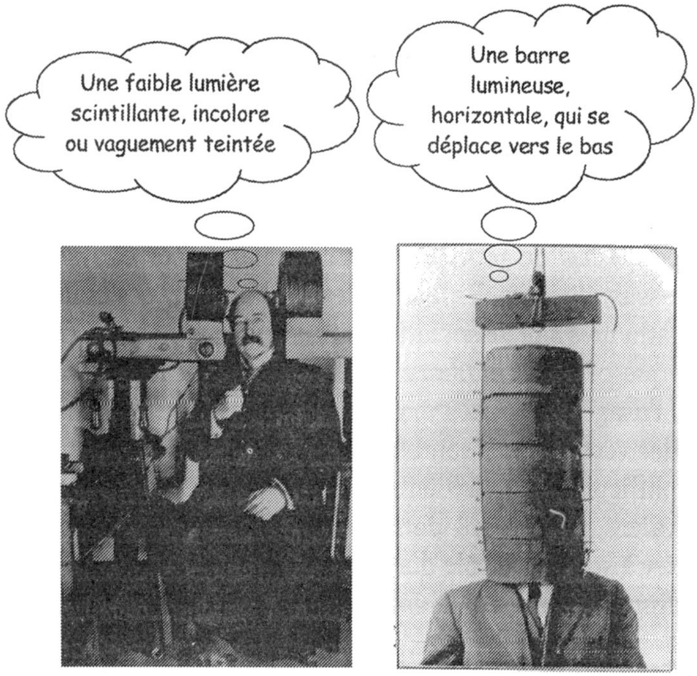

Silvanus P. Thompson
(1910)

C. E. Magnusson
ou
H. C. Stevens
(1911)

FIGURE 9 – *Les premiers succès de la stimulation magnétique transcrânienne. Les expérimentateurs parvinrent à évoquer en eux-mêmes de légères perceptions lumineuses.*

lation des verbes, ce qu'on peut mettre en évidence en interférant dans son fonctionnement.

Les techniques dont nous disposons maintenant permettent donc non seulement de voir quelles régions cérébrales entrent en jeu au cours d'un travail intellectuel quelconque, mais aussi d'effectuer des lésions fonctionnelles relativement sélectives, et heureusement réversibles. Mais, à tout seigneur tout honneur, et en revenant à nos obsessions thermométriques, passons une fois encore par l'inévitable Paul Broca.

La couronne thermométrique de M. Broca

On ignore en général que Paul Broca, entre autres mérites, est un des pères spirituels, et même matériels, de l'imagerie fonctionnelle cérébrale[16]. Au début des années 1860, il s'était interrogé sur l'utilité de mesurer la température de la peau pour déterminer l'origine de divers troubles circulatoires. Si l'artère d'une jambe se trouvait soudain bouchée par un caillot sanguin, l'essentiel du traitement consistait alors à amputer cette jambe pour éviter la gangrène et la mort, comme ce fut le cas pour le malheureux Monsieur Leborgne. Mais à quel endroit exactement fallait-il couper ? Au-dessus du caillot, la température de la jambe reste normale ; au-dessous, la température s'élève, puis diminue. L'étude de la température pouvait donc aider à déterminer le meilleur moment et le meilleur endroit pour procéder à l'amputation. Au-delà de ces détails macabres, Broca eut l'idée de suivre la même démarche pour diagnostiquer les accidents vasculaires cérébraux. Il s'explique : « L'un des premiers malades sur lesquels je fis cette exploration fut un médecin de province qui me fut présenté par son fils, médecin lui-même. La parole n'était pas abolie, mais elle était déjà gravement altérée [...]. Je reconnus aisément avec la main que la température de la région temporale gauche était notablement accrue [...]. Les thermomètres, appliqués de nouveau sur les côtés du front [...] montrèrent une différence de température de 1 degré seulement en faveur du côté malade. » Mais Broca affirme aussi que, dans des circonstances normales, la température cérébrale peut varier selon l'effort intellectuel. Pour mieux l'étudier, il inventa la « couronne thermométrique, qui permet d'appliquer à la fois six thermomètres autour du crâne. Elle est formée d'une série de sachets d'ouate [...] qui sont reliés par une bande circulaire en tissu élastique, et sur la face interne desquels le thermomètre est introduit dans une gaine à jour ». Que se passe-t-il lorsqu'on ceint son crâne de cette élégante mercerie ? Citons encore Broca : « Quand tous les thermomètres sont devenus stationnaires, on fait faire au sujet un travail de tête. S'il n'est qu'à demi lettré, s'il ne lit pas très couramment, on lui fait faire une lecture à haute voix, et au bout de quelques minutes, on voit monter les thermomètres, surtout les thermomètres frontaux. Mais le résultat est nul ou extrêmement minime si le sujet de l'observation sait lire sans difficulté. J'ai fait un grand nombre d'expériences sur les étudiants en médecine ; pour faire élever chez eux la température cérébrale, il a fallu leur donner une besogne plus fatigante, qui consistait ordinairement en une addition de trente nombres de cinq chiffres. Alors les thermomètres [...] montaient d'une manière très notable. » Malheureusement, le problème, que Broca reconnaît sans pour autant renoncer à sa couronne, c'est qu'il ne mesure pas la température du cerveau mais celle de la peau, séparée du cerveau par les méninges, le crâne, etc. Tout ce qu'on peut conclure de cette expérience, c'est que lire une page fait transpirer un semi-illettré, pas un étudiant en médecine. Mais l'ironie n'est pas réellement de mise : l'idée de l'imagerie fonctionnelle est là, et il ne s'en fallait que de quelques progrès technologiques pour que Broca ne fît des étincelles dans ce domaine comme il l'a fait dans bien d'autres.

Retour à l'homme-thermomètre

Avons-nous progressé dans le déchiffrage du cas de l'homme-thermomètre ? Oui, mais pas directement. Nous savons maintenant qu'il existe, dans le cortex de l'hémisphère gauche, un réseau de régions liées entre elles qui sont la machinerie du langage. Les lésions touchant ces systèmes entraînent des aphasies, et la variété infinie des aphasies reflète la complexité de la machinerie. On peut essayer de comprendre celle-ci d'une part en observant des patients souffrant de lésions cérébrales et d'autre part grâce aux diverses techniques d'imagerie cérébrale anatomique et fonctionnelle. Avec tout cela, que pouvons-nous dire de l'homme-thermomètre ? D'un côté, le problème de Monsieur Mathieu Z. impliquait son langage, puisqu'il se révélait lorsqu'il parlait des choses qu'il voyait, et pas lorsqu'il s'en servait en silence. Mais d'un autre côté, il n'était pas aphasique au sens habituel du terme : il semblait parler normalement et comprendre ce qu'on lui disait. D'ailleurs, nous avons vu que sa lésion ne siégeait pas dans les régions traditionnelles du langage mais au-dessous de l'hémisphère gauche. Pour l'essentiel, son problème était qu'il divaguait lorsqu'on lui demandait de définir ce qu'il voyait. Il ne s'agissait donc pas d'un trouble du langage à proprement parler, mais plutôt d'une anomalie dans les relations entre le langage et la vision. Nous y reviendrons en détail après nous être mis au clair sur le second acteur du drame : le système visuel.

CHAPITRE 4

Le cerveau qui voit

Vous voyez bien !

Après la découverte des régions cérébrales du langage et la mise au point de diverses techniques, passons sans détours historiques au second système cérébral que nous avons besoin de connaître avant de revenir sur le mystère de l'homme-thermomètre : le système visuel.

Fixez un point droit devant vous. L'ensemble de l'espace que vous voyez, votre champ visuel, recouvre un angle d'environ 180 degrés. En fermant un œil, puis l'autre, vous vous apercevrez que les portions du champ visuel vues par l'œil droit et par l'œil gauche se recouvrent très largement. Il n'y a qu'un petit croissant à l'extrême droite qui n'est vu que par l'œil droit, et un croissant à gauche qui n'est vu que par l'œil gauche (Figure 10). Les deux yeux recouvrent en gros le même champ, ce qui va de soi puisqu'ils sont généralement placés côte à côte sur l'avant de la tête. Nous ne sommes pas les seuls dans ce cas : la situation est sensiblement la même chez les chats et autres chiens, dont les yeux sont orientés vers l'avant. En revanche, chez les lapins, les chèvres, ou tout autre animal

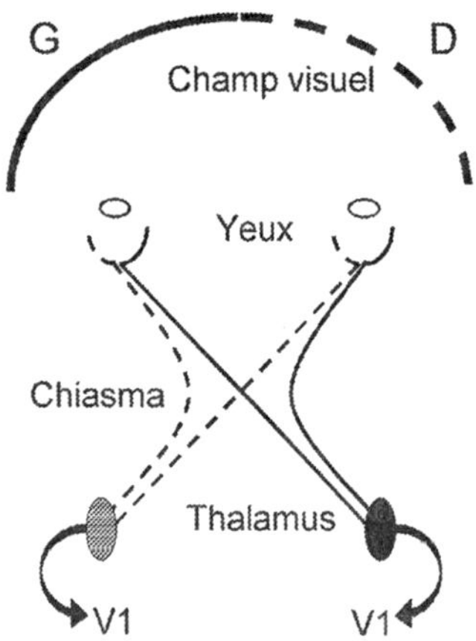

FIGURE 10 – *Grâce au croisement partiel des voies visuelles, chaque hémisphère reçoit exclusivement les images de la moitié opposée du monde visuel.*

ayant les yeux sur les côtés de la tête, l'œil droit voit ce qui est à droite et l'œil gauche ce qui est à gauche. Cette différence n'est d'ailleurs peut-être pas le fruit du seul hasard, mais aussi des nécessités de la sélection naturelle. Les espèces qui jouent plutôt le rôle de proies gagnent à avoir un champ de vision large pour repérer une attaque d'où qu'elle vienne. En revanche, les prédateurs ont souvent les yeux sur l'avant, ce qui leur permet d'ajuster au mieux leur poursuite et leurs bonds.

Quoi qu'il en soit, les images du monde extérieur que reçoivent les deux yeux sont chez nous à peu près les mêmes. La petite différence nous aide à apprécier le relief et les distances, mais c'est une autre histoire. Après son entrée dans l'œil, la lumière traverse le cristallin, une lentille transparente qui a pour effet, comme dans un appareil photographique, d'inverser l'image. Si l'on regarde fixement le tronc d'un arbre, le feuillage se projette sur le bas de la rétine et les racines sur le haut. De même, la moitié droite de l'arbre se projette sur la moitié gauche de la rétine, et inversement. C'est évidemment vrai pour chacun des deux yeux : la moitié droite du monde visuel se projette sur la moitié gauche de chacune des deux rétines, et inversement. Que deviennent ensuite ces images au fond des yeux ? Les cellules rétiniennes les transforment en impulsions électriques, transportées par les nerfs optiques. Chaque nerf emprunte un trou, au fond de l'orbite, par lequel il entre à l'intérieur du crâne. Ensuite les deux nerfs, le droit et le gauche, s'approchent l'un de l'autre, et échangent entre eux des fibres nerveuses, mais certaines fibres seulement. Les fibres provenant des moitiés nasales des rétines (proches du nez) passent d'un côté à l'autre, tandis que les fibres provenant des moitiés temporales des rétines (proches des tempes) restent du même côté. Ce croisement partiel des fibres a une conséquence très importante. Après le croisement, les images provenant de la moitié droite du champ visuel se trouvent dans l'hémisphère gauche (et inversement), *et cela quel que soit l'œil dont elles proviennent*. La conséquence de cette finesse de câblage est donc que chaque hémisphère reçoit exclusivement les images de la moitié opposée du monde visuel.

Après ce croisement, les voies visuelles font un relais dans un noyau situé dans les profondeurs du cerveau, le thalamus, puis elles atteignent le cortex cérébral. La première zone du cortex qui reçoit l'information visuelle, et qu'on nomme donc l'aire visuelle primaire, ou V1, est située tout en arrière du cerveau, cachée entre les deux hémisphères. Quelles sont les conséquences d'une lésion de cette aire primaire ? Comme elle est le point d'arrivée obligé de toute l'information visuelle, une lésion entraîne la perte totale de la vision, mais seulement dans une partie bien définie du champ visuel (Figure 11, voir hors-texte). Si l'aire visuelle primaire d'un hémisphère est entièrement détruite, la vision est perdue dans toute la moitié opposée du champ visuel, et cela pour les deux yeux (on parle d'« hémianopsie latérale homonyme »). C'était exactement le cas de Monsieur Z., l'homme-thermomètre, dont la lésion touchait (entre autres) cette région : il voyait exactement comme si la moitié droite de chacun de ses verres de lunettes était devenue opaque. Des lésions plus petites entraînent une amputation plus limitée de la vision. En effet, l'aire visuelle primaire est organisée comme une véritable carte de l'espace visuel, de sorte qu'une toute petite lésion de l'hémisphère droit, située par exemple en haut et en avant de cette aire corticale, entraînera toujours une petite zone aveugle en bas à gauche dans le champ visuel des deux yeux. Cette organisation en carte est connue depuis longtemps grâce aux corrélations qu'on peut faire entre le champ visuel de patients souffrant de lésions cérébrales et la localisation précise des lésions à l'autopsie. On peut maintenant observer avec une grande précision le fonctionnement de ces cartes corticales chez des sujets bien portants grâce à l'imagerie fonctionnelle cérébrale. Par exemple, Roger Tootell et ses collaborateurs[1] ont présenté à leurs sujets des figures géométriques (cercles concentriques, ailes de moulin, etc.). Ils ont montré, en IRM fonctionnelle, que les zones cérébrales dont l'activité augmente lors de ces stimulations dessinent précisément à la surface du cortex les formes géométriques qui ont été présentées (Figure 11, voir hors-texte).

L'analyse du monde visuel par le cerveau ne s'arrête pas aux aires primaires. À partir de cette gare de triage, l'information est propagée à un large ensemble de régions corticales avoisinantes s'étendant dans les lobes temporaux et pariétaux, et collectivement appelées aires visuelles « associatives ». Pendant longtemps, l'idée dominante en a été que la région visuelle primaire, et elle seule, était responsable de la perception consciente, de la formation d'une image du monde extérieur précise, colorée, mobile. Comme leur nom l'indique, le rôle des aires associatives était uniquement, pensait-on, de donner un sens à cette image en l'associant aux connaissances stockées dans notre mémoire, en réveillant par exemple, à partir de l'image d'un tas de tomates, le souvenir de leur goût, de leur nom, de la texture de leur peau, de la recette de la sauce bolognaise, etc. En fait, les choses ne sont pas aussi simples, les aires dites « associatives » jouent un rôle essentiel dans l'élaboration de l'image même que nous formons du monde extérieur : une région calcule les couleurs, une autre les mouvements, d'autres les formes, etc.

Le miroir brisé

Métamorphopsie, akinetopsie, astéréopsie, achromatopsie, topoagnosie, simultanagnosie, alexie, prosopagnosie, dysmétropsie, ataxie, et d'autres syndromes encore : le secours d'Homère et d'Aristote paraît indispensable pour déchiffrer la neuropsychologie du système visuel. La division du travail entre parcelles de cortex qui règne au sein même du système visuel se révèle dans une incroyable variété de déficits aux noms helléniques.

À titre d'exemple, attaquons-nous à l'hémimicropsie. Madame Hélène O., âgée de 60 ans, était secrétaire, retraitée depuis peu[2]. Quelques jours après une opération bénigne de la cloison nasale, elle commença à se plaindre de troubles visuels étranges. Les objets et les visages semblaient disparaître de sa vue, mais pas entièrement puisqu'elle continuait à en voir des fragments. Par exemple, elle nous raconta qu'elle avait vu, et parfaitement reconnu, la boucle d'oreille que sa fille portait alors même qu'elle ne voyait pas le reste du visage de sa fille ; ou encore qu'elle avait vu un portemanteau fixé au mur face à son lit, juste entre deux fenêtres, sans pour autant voir ces deux fenêtres ; ou enfin qu'elle s'était levée de son lit, puis s'était retournée pour se recoucher, mais n'avait plus réussi à retrouver ce lit, qui avait comme disparu de la scène. Madame O. avait aussi remarqué qu'elle n'arrivait pas à attraper les objets qu'elle essayait de saisir : sa main passait presque toujours à côté du verre lorsqu'elle voulait boire. En quelques semaines, ces troubles, sur lesquels nous reviendrons, disparurent.

Elle s'aperçut alors d'une autre anomalie curieuse : lorsqu'elle regardait quelqu'un bien en face, l'œil gauche lui semblait toujours un peu plus petit que l'œil droit. Le même phénomène se produisait avec tous les objets symétriques : une paire de mains, un écouteur de téléphone, etc. La moitié droite paraissait toujours un peu plus petite que la gauche. Pour mesurer le plus objectivement possible ce phénomène, nous lui avons montré des paires de cercles, un du côté droit et un du côté gauche de son champ visuel, de tailles légèrement différentes, en lui demandant de nous montrer le plus grand des deux. Lorsque le cercle de droite était plus grand que celui de gauche de 5 %, Madame O. choisissait au hasard un cercle ou l'autre : son illusion visuelle, en compensant la différence de 5 % entre les deux cercles, les lui faisait paraître identiques. Nous avons observé le même phénomène (à ceci près que c'était cette fois la moitié gauche qui était rétrécie) chez un professeur de dessin, dont le talent artistique lui permettait de reproduire fidèlement ce qu'il percevait. Comme le montre la figure 12, il agrandissait la moitié gauche des objets symétriques, comme les visages, afin qu'ils lui paraissent symétriques. Ces deux patients présentaient une petite lésion de la face latérale d'un lobe occipital, dans l'hémisphère opposé au rétrécissement visuel. Cette lésion épargnait les aires visuelles primaires, que nous connaissons déjà, et laissaient donc le champ visuel intact.

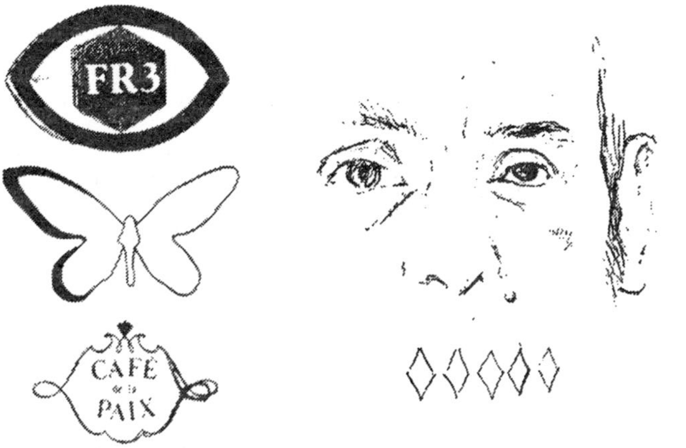

FIGURE 12 – *Le patient avait l'illusion d'un rétrécissement des objets dans la moitié gauche de son champ visuel. Il devait donc agrandir la moitié gauche des objets réellement symétriques, pour les rendre symétriques à ses yeux. Cohen L., Gray F., Meyrignac C., Dehaene S., Degos J.-D., « Pure deficit of visual size perception : Two cases of hemimicropsia »,* Journal of Neurology, Neurosurgery and Psychiatry, *1994, 57 : 73-78.*

Probablement moins rare que cette anomalie de la perception de la taille est la perte de la perception des couleurs. La lésion en cause touche une petite région de la face inférieure des lobes occipitaux. Les patients achromatopsiques, c'est ainsi qu'on les nomme, voient simplement en noir et blanc dans la moitié de leur champ visuel du côté opposé à leur lésion cérébrale. S'ils fixent un point droit devant eux, une moitié du monde leur apparaît en couleurs et l'autre moitié en nuances de gris. Oliver Sacks a décrit de façon très vivante le cas d'un artiste peintre new-yorkais, Jonathan I., devenu d'un jour à l'autre achromatopsique pour la totalité de son champ visuel, dans des circonstances médicalement un peu obscures[3]. Non seulement son travail de peintre coloriste s'est trouvé anéanti, mais tous les aspects de son existence ont été bouleversés : comment avoir de l'appétit pour des tomates noires ou un poulet gris, comment assortir la teinte de sa chemise à celle de son pantalon, pourquoi écouter de la musique quand celle-ci n'évoque plus, comme avant, de riches plages colorées ? L'achromatopsie n'a rien à voir avec le daltonisme, qui est une anomalie congénitale assez fréquente des cellules réceptrices de la rétine. Il s'agit dans l'achromatopsie de la destruction sélective de la région cérébrale qui est responsable du calcul de la couleur pour la moitié opposée du champ visuel chez des gens dont la vision était auparavant normale.

L'imagerie fonctionnelle cérébrale peut nous montrer cette région en pleinc action chez des gens bien portants. Au cours d'une expérience utilisant la TEP, et plusieurs fois répliquée depuis, Semir Zeki a présenté d'une part des images abstraites vivement colorées (dans le style du peintre Mondrian), et d'autre part les mêmes images en noir et blanc[4]. Il a ensuite cherché quelles régions cérébrales étaient plus fortement activées par les images colorées que par les images en nuances de gris. Une petite région, à la face inférieure des lobes occipitaux, baptisée V4, remplissait cette condition. Il est bien probable que cette région, activée par les couleurs dans un cerveau normal, n'est autre que celle dont la destruction accidentelle rend achromatopsique.

Dans la même série d'expériences, Zeki a étudié un autre paramètre que la couleur : le mouvement. Suivant la même logique, il a cherché si des régions cérébrales étaient plus activées par des images en mouvement que par les mêmes images immobiles. Comme dans le cas de la couleur, une région bien définie est apparue, nommée V5, située cette fois à la face latérale et non à la face inférieure du cortex visuel. Que se passe-t-il en cas de destruction de cette région vouée à la perception du mouvement ? Il est assez facile de s'imaginer ce qu'est un monde sans couleurs, mais sans mouvement ? La perte de la vision du mouvement a bien été décrite, sous le nom d'akinetopsie[5]. La chose est extrêmement rare. Citons quelques lignes de la description que donne Zihl des difficultés rencontrées par une patiente, Madame L. M., dont la région V5 avait été endommagée dans les deux hémisphères : « Le problème visuel dont se plaignait la patiente était une perte de la vision du mouvement dans les trois dimensions. Par exemple, elle avait du mal à verser du thé ou du café dans une tasse, car le liquide semblait gelé, comme une cascade de glace. De plus, elle ne pouvait s'arrêter de verser au bon moment, puisqu'elle était incapable de voir le mouvement du liquide s'élevant dans la tasse ou le pot. En outre, la patiente se plaignait d'avoir du mal à suivre une conversation, car elle ne pouvait voir les mouvements du visage de son interlocuteur, en particulier les mouvements de ses lèvres. Elle se sentait très inquiète et mal à l'aise quand elle se trouvait dans une pièce où se déplaçaient plus de deux autres personnes, au point de quitter les lieux aussitôt, expliquant elle-même que "les gens apparaissent soudainement ici ou là, mais je ne les ai pas vus bouger". La patiente souffrait des mêmes difficultés, plus marquées encore, dans les rues pleines de monde, lieux qu'elle évitait donc autant que possible. Elle ne pouvait traverser la rue, incapable qu'elle était de juger de la vitesse des voitures, et cela bien qu'elle pût sans peine identifier les voitures elles-mêmes. "La première fois que j'aperçois la voiture, elle me paraît loin. Mais ensuite, au moment où je veux traverser, la voiture se trouve soudain toute proche." Peu à peu, elle apprit à estimer la distance des véhicules en mouvement en se fondant sur leur bruit, de plus en plus fort. »

Les différentes régions de la mosaïque du système visuel, V4, V5 et les autres, sont-elles distribuées n'importe où dans le cerveau ? Prenons un peu de recul. Ce que nous attendons d'un système de perception comme le système visuel ou le système auditif, c'est de nous informer sur ce qui se trouve autour de nous, sur la scène dans laquelle nous sommes plongés. Or connaître ce qui nous entoure, cela revient d'une part à savoir quelles sont les choses qui nous environnent (des chaussures, le chien, le soleil, le commissariat de police...), et d'autre part la position, l'orientation, le mouvement de ces choses par rapport à nous. Ungerleider et Mishkin ont suggéré, il y a près de vingt ans, que ces deux aspects de la vision (qu'on peut résumer en deux mots : QUOI et OÙ) ressortiraient schématiquement de deux secteurs distincts du cortex visuel[6] (Figure 13). Le QUOI relèverait de la partie la plus basse du cortex visuel, placée sur le dessous du cerveau dans les lobes occipitaux et temporaux. La région des couleurs, V4, dont nous

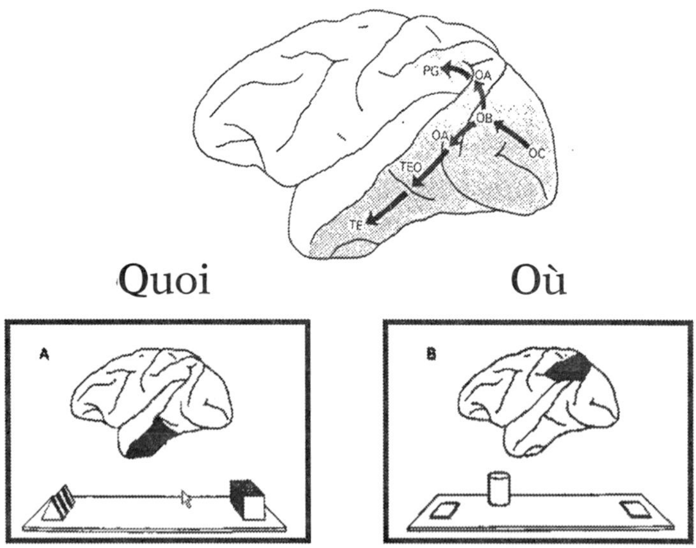

FIGURE 13 – *Ungerleider et Mishkin (1982) ont proposé de distinguer dans le système visuel des primates une voie de « Quoi » dans la région occipito-temporale et une voie de « Où » dans la région occipito-pariétale. Une lésion du système du « Quoi » empêche un singe de reconnaître les objets à leur forme alors qu'une lésion du système du « Où » l'empêche d'apprécier la position relative des objets dans l'espace. Ungerleider L. G., Mishkin M., « Two cortical visual systems »,* in *Ingle D., Goodale M. & R.,* Analysis of visual behavior, *Cambridge, MIT Press, 1982 : 549-586.*

venons de parler, fait partie de ce premier ensemble. En revanche, le OÙ, c'est-à-dire les aspects de la vision qui permettent de localiser les objets dans l'espace, de diriger les yeux ou la main vers eux, relèverait de la partie la plus haute du cortex visuel, dans les lobes occipitaux et pariétaux. La région du mouvement, V5, appartient plutôt à ce second ensemble.

Dans ce livre, nous avons surtout affaire au QUOI. On se souvient en effet que l'homme-thermomètre ne semblait pas avoir de difficulté à voir où les choses se trouvaient pour aller les attraper, mais seulement pour savoir quelle était l'identité, la nature, de ces choses. Pour avoir toutefois une idée de ce qui peut se passer en cas de destruction du système du OÙ (hormis le cas rarissime de l'akinetopsie), revenons à l'histoire de Madame O. Dans les semaines qui ont suivi son accident, et avant même de prendre conscience de son hémimicropsie, elle ne voyait du monde que des fragments épars et flottants. Le nom de ce désordre est « simultanagnosie », autre vocable barbare mais qui exprime bien son sens : ces patients ne peuvent pas saisir visuellement une scène dans son ensemble, ils ne peuvent pas appréhender plusieurs objets simultanément. Si vous présentez à un tel patient une double page de magazine, avec la photo du cortège nuptial de quelque princesse, il laissera son regard errer au hasard, et vous dira qu'il voit une roue, un visage de femme, une fenêtre, des bottes, un collier, un toit, etc. Chaque fois que son regard tombera sur un objet, il reconnaîtra cet objet sans mal, mais sans lui conférer aucune position déterminée dans l'espace. Aussitôt son regard détaché d'un objet, il ne pourra donc pas le retrouver, si ce n'est par hasard, si son attention errante tombe dessus. Il ne pourra pas dire lequel de deux objets est au-dessus, au-dessous, à droite ou à gauche d'un autre. Faute de localiser les objets les uns par rapport aux autres, il ne comprendra pas le sens d'ensemble de la scène à laquelle il assiste. Si vous demandez à un patient simultanagnosique de compter une demi-douzaine de points dispersés sur une feuille de papier, il n'y parviendra pas. Il comptera certains points plusieurs fois sans s'en apercevoir tandis que d'autres lui échapperont complètement. Ces mêmes patients sont en général incapables de diriger leurs mains vers les objets qui les entourent pour les saisir. Bref, leur perception du QUOI est intacte, mais leur système du OÙ est hors service.

Revenons maintenant sur des aspects du système visuel indispensables pour comprendre l'homme-thermomètre.

Qu'est-ce que le Quoi ?

Parcourons encore une fois, d'arrière en avant, le système du QUOI. Nous avons vu que tout commence dans V1, l'aire primaire où arrive l'information en provenance des yeux. Un peu plus en avant se trouve l'aire V4 et d'autres aires chargées de déterminer les couleurs, les contours, les formes. En gros, dans chaque hémisphère, ces aires traitent l'information que leur communique la V1 du même côté. Elles s'occupent donc principalement de la moitié opposée de l'espace visuel. Mais si nous avançons encore un peu vers l'avant du lobe temporal, nous trouverons des régions qui s'occupent d'aspects beaucoup plus abstraits du QUOI. Par commodité, appelons-les collectivement « régions IT », pour « inféro-temporales ». Ces régions, dont nous décortiquerons l'une d'entre elles dans la section suivante, ont plusieurs caractéristiques particulièrement intéressantes. Attardons-nous un moment chez nos cousins les singes.

En laboratoire, il est possible d'enregistrer l'activité individuelle d'un seul neurone chez un animal grâce à des électrodes extrêmement fines implantées dans le cerveau. On peut simultanément engager l'animal dans diverses tâches et corréler l'activité des neurones avec les paramètres de la tâche. L'enregistrement direct de l'activité de neurones visuels chez le singe montre que, quand nous avançons dans le système visuel, les neurones réagissent à des propriétés de plus en plus complexes des images (Figure 14). Schématiquement, dans V1, les neurones répondent de façon maximale à une simple barre lumineuse, avec, selon les neurones, une préférence pour des barres orientées selon tel ou tel angle. En revanche, dans la région IT, Tanaka et son équipe ont montré que les stimuli favoris des neurones sont des formes plus élaborées, beaucoup plus proches des objets réels ou au moins de parties d'objets réels[7]. Pour déterminer les préférences d'un neurone en cours d'enregistrement, ils présentent à des singes des images d'objets réels divers et variés (un petit chat, un ventilateur, une poêle à frire...). Une fois identifiée l'image qui provoque la réponse la plus intense du neurone, ils entreprennent de la simplifier progressivement, tout en s'assurant qu'elle continue à susciter une réponse neurale au moins aussi intense que l'original. La figure 14 montre un exemple de ce processus d'épuration progressive, ainsi que des stimuli « idéaux » déterminés pour un certain nombre de neurones IT. On remarquera, et on y reviendra plus tard, que ces formes ont à peu près l'allure et la complexité de lettres. Voyez par exemple une sorte de T et une sorte de E à l'envers. Les singes ne savent pas lire... mais ces données suggèrent que ce n'est pas à cause de leur système visuel.

Quant aux formes plus complexes, il semble que la région IT les code en combinant l'activation de neurones répondant à leurs parties constituantes plus simples[8]. Par exemple, l'image d'un extincteur active des neurones qui répondent à la poignée de l'extincteur (ou à des objets de forme similaire), d'autres à sa forme cylindrique, d'autres à son tuyau coudé, etc.

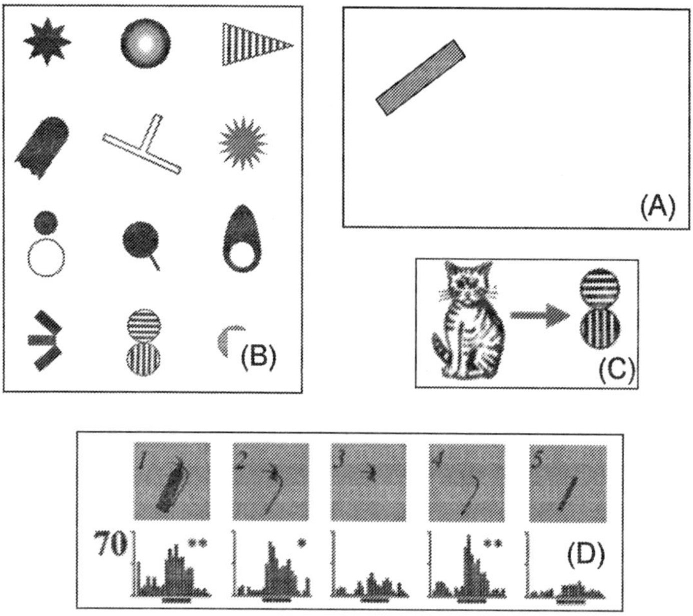

FIGURE 14 – *Les neurones du cortex visuel primaire ont une préférence pour des stimuli simples, comme une barre orientée d'un certain angle dans une certaine région du champ visuel (A). Dans le cortex inféro-temporal, les neurones visuels ont des préférences pour des formes semi-complexes (B et C, Tanaka, 1996) dont certaines rappellent des lettres. Les objets complexes sont codés par l'activation conjointe de neurones reconnaissant leurs différentes parties (D, Tsunoda, 2001). Tanaka K., « Inferotemporal cortex and object vision »,* Annual Review of Neuroscience, *1996, 19 : 109-139. Tsunoda K., Yamane Y., Nishizaki M., Tanifuji M., « Complex objects are representated in macaque inferotemporal cortex by the combination of festure columns »,* Nature Neuroscience, *2001, 4 : 832-838.*

Les préférences que manifestent ces neurones pour des objets de telle ou telle forme semblent indépendantes de la manière exacte dont ces objets se présentent à l'œil. Par exemple, Booth et Rolls[9] ont laissé pendant quelque temps dans la cage de singes un ensemble de dix objets sans signification, en plastique de différentes couleurs (Figure 15, voir hors-texte). Une fois les singes familiarisés avec leurs nouveaux jouets, Booth et Rolls ont procédé à des enregistrements de l'activité de neurones de la région IT. Ils ont observé que certaines cellules montraient une nette préférence pour un objet par rapport aux autres, mais surtout que cette préférence se maintenait, qu'on montrât aux singes l'objet lui-même ou des photos de cet objet prises sous les angles les plus variés, et même que ces photos soient en noir et blanc ou en couleurs. Ces neurones semblent donc reconnaître certains objets d'une façon invariante aux conditions particulières sous lesquelles ceux-ci sont vus.

Dans la même veine, il n'est pas surprenant que l'endroit précis du champ visuel où les formes apparaissent n'ait pas non plus d'importance pour ces neurones. Ceux des aires visuelles primaires ne répondent qu'à des stimulations lumineuses dans une petite zone bien définie du champ visuel (on dit que leur « champ récepteur » est petit). Ce n'est pas une surprise puisque nous avons déjà vu que les aires primaires formaient une carte détaillée de l'espace visuel. En revanche, le champ récepteur des neurones augmente progressivement de taille quand on avance dans le lobe temporal. Lorsqu'on arrive dans les régions IT, le champ récepteur des neurones est si grand... qu'il s'étend aux deux moitiés du champ visuel. Cela prouve que ces régions doivent recevoir des informations des régions visuelles primaires de leur propre hémisphère mais aussi de l'hémisphère opposé. Autrement dit, à des stades assez avancés de la voie du QUOI, chaque hémisphère perçoit l'ensemble du champ visuel. Nous verrons que c'est important : c'est grâce à cela que nous savons lire comme nous le savons.

Résumons-nous. L'enregistrement direct de l'activité électrique de cellules du cortex inféro-temporal de singes montre qu'il existe là des neurones capables de reconnaître des objets complexes. Point essentiel, certains au moins de ces neurones reconnaissent leurs objets d'une façon *invariante* à l'orientation, à la distance, à la couleur et à la position... sous lesquelles ces objets se présentent à l'œil.

Faites preuve de reconnaissance

Comme chacun sait, les singes sont nos cousins. Et de fait, notre région inféro-temporale est cousine de la leur. Elle possède des propriétés fort similaires à celles que nous venons de décrire chez eux. C'est naturellement l'imagerie fonctionnelle et la neuropsychologie qui nous l'apprennent plutôt que les enregistrements intra-cérébraux. De nombreuses expériences ont mis en évidence, dans la région inféro-temporale humaine, des activations plus intenses pour des formes élaborées, comme des visages, des outils, des bâtiments, que pour des stimuli rudimentaires comme des damiers, des quadrillages ou autres gribouillages. Comme chez le singe, le champ récepteur de ces régions est très étendu : en 1998, Tootell et ses collaborateurs ont montré, en IRM fonctionnelle, qu'un peu en avant de la région V4, dans V7 et V8, le cortex visuel s'allume quel que soit le côté du champ visuel qui est stimulé[10]. Par conséquent, la région inféro-temporale de chaque hémisphère perçoit tout le champ visuel. Il en résulte une prédiction clinique intéressante. En cas de lésion cérébrale d'une telle zone dans un seul hémisphère, un trouble visuel affectant l'ensemble du champ visuel devrait apparaître. C'est bien le cas.

Prenons un exemple. Un sujet victime d'une lésion de l'hémisphère droit placée de façon parfaitement symétrique à la lésion de Monsieur Mathieu Z., l'homme-thermomètre, ne perdra pas comme lui la faculté de reconnaître les mots et les objets, mais celle de reconnaître les visages : il sera prosopagnosique. Je me souviens d'un ingénieur, âgé d'une cinquantaine d'années, qui avait été victime une nuit, pendant son sommeil, d'un accident vasculaire cérébral. Le matin, il s'était réveillé, s'était rendu à la salle de bains, et avait découvert dans son miroir... le visage d'un parfait inconnu. Sa raison lui disait bien sûr que c'était lui-même qu'il regardait, mais ses propres traits n'avaient pour lui aucune familiarité. Stupéfait, il était retourné dans sa chambre. Il savait bien que la femme qui reposait dans le lit était son épouse, mais son visage était celui d'une parfaite inconnue. En revanche, dès qu'elle lui adressa la parole, il reconnut immédiatement sa voix. Notre ingénieur n'avait aucun mal avec les objets ou les mots écrits : il avait reconnu sans hésitation le collier que portait sa femme, un cadeau acheté lors d'un voyage en Grèce, et il lisait parfaitement. Ce trouble touchait l'ensemble de son champ visuel : la région du système visuel droit endommagée avait pour fonction la reconnaissance des visages, quelle que soit la partie du champ visuel où ces visages apparaissaient.

La prosopagnosie nous conduit naturellement à une autre propriété remarquable de ces régions inféro-temporales : leur spécialisation relative pour tel ou tel type d'objets. L'imagerie fonctionnelle a en effet révélé que, selon la catégorie d'objets regardés, ce sont des sous-ensembles différents de la région inféro-temporale qui s'activent[11]. On a ainsi distingué une petite région qui préfère les mots écrits, une autre qui préfère les visages, une autre qui préfère les maisons et autres bâtiments, une autre enfin qui est activée à la vue de parties du corps (Figure 16, voir hors-texte). Ces préférences semblent toutefois relatives. L'ensemble de la zone IT s'active jusqu'à un certain point pour tous ces types d'objets, mais le paysage général de l'activation diffère de façon systématique selon le type d'objet, avec le pic d'activation maximum placé différemment selon le type d'objet dont il s'agit. Cette surspécialisation se reflète d'ailleurs dans l'existence de déficits visuels très sélectifs pour la reconnaissance de tel ou tel type d'objets[12]. Un exemple clair est la prosopagnosie, déjà évoquée, dans laquelle le défaut d'identification visuelle ne concerne que les visages et épargne toute autre catégorie d'objets. Selon les hasards des lésions cérébrales, et sans doute selon l'expérience biographique et l'expertise propre à chaque patient, le déficit peut être plus ou moins sélectif. Gil Assal a ainsi décrit en détails le cas d'un paysan qui non seulement était prosopagnosique au sens usuel, mais qui en outre ne reconnaissait plus individuellement les vaches de son troupeau, handicap professionnel considérable. Un autre exemple classique est l'incapacité à reconnaître les lettres et les mots écrits (ou alexie), mais n'en disons pas plus pour l'instant, puisque nous y reviendrons longuement.

Naturellement, tous ces déficits sélectifs peuvent être par malheur associés entre eux, comme chez un patient décrit en 1971 par Rubens et Benson[13]. La figure 17 reproduit une des

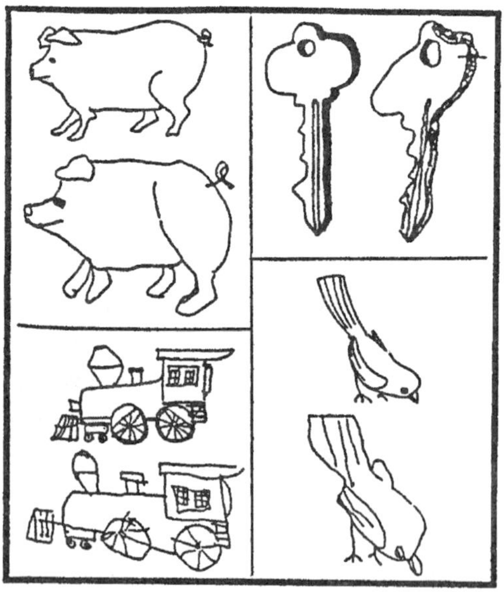

FIGURE 17 – *Ce patient agnosique ne pouvait reconnaître ni les objets réels ni les images, que pourtant il percevait assez bien pour pouvoir les copier fidèlement. Rubens A. B., Benson D. F., « Associative visual agnosia »,* Archives of Neurology, *1971, 24 : 305-316.*

images sans doute les plus connues de la littérature neuropsychologique. Ce patient était prosopagnosique (les visages), alexique (les lettres), mais en plus il était incapable de reconnaître les objets les plus familiers. Il pouvait toutefois copier très correctement des dessins d'un cochon, d'un oiseau, d'une locomotive, etc., ce qui témoigne d'un assez bon fonctionnement des régions visuelles qui déterminent les contrastes et les contours des objets. Et pourtant, après avoir précisément copié la clé, il disait : « Je ne sais toujours pas ce que c'est » ; pour le cochon pourtant typique : « Ça pourrait être un chien, ou n'importe quel autre animal », et le reste à l'avenant. On ne connaît pas précisément le siège de ses lésions cérébrales, mais il y a fort à parier que les régions inféro-temporales tant droites que gauches étaient dévastées.

La machine à lire les pensées

Si l'on frappe le tendon qui se trouve sous la rotule (geste favori des neurologues), la jambe se détend, qu'on le veuille ou non. On a mis en jeu un réflexe qui n'entre en action qu'en réponse à une stimulation extérieure bien définie, une sorte de boucle qui va du tendon à la moelle épinière puis retourne de la moelle au muscle qui se contracte. Le cerveau, et ce d'autant plus qu'on passe à des espèces de plus en plus évoluées, est capable de bien plus qu'une activité purement réactive de cette sorte. Il est capable d'engendrer de lui-même des pensées, des représentations, des actions, en l'absence d'objets extérieurs particuliers. Il peut créer un modèle, une simulation du monde extérieur et de ses propres actions, ce qui lui permet d'anticiper les effets des actions possibles, de choisir la meilleure conduite à adopter, etc. Il serait hors propos de discuter ces questions ici d'une façon générale. Ces capacités d'imagination et de projection ont toutefois un rapport intéressant avec la structure du système visuel. Jusqu'alors, j'ai présenté les voies visuelles comme un système à sens unique, où l'information s'écoulerait depuis V1 jusqu'aux régions inféro-temporales en passant par V4 et les autres. Il s'agit là d'une simplification grossière, même si elle nous suffira à peu près pour les besoins de la neuropsychologie. En réalité, des études anatomiques sur l'animal montrent que chaque aire visuelle reçoit autant ou plus de projections des aires situées plus en aval dans la chaîne que des aires situées en amont (Figure 18, voir hors-texte). Une des fonctions de ces projections à rebours pourrait être d'évoquer ce qui n'est pas là, d'activer le système visuel en l'absence de tout objet extérieur.

De fait, l'imagerie fonctionnelle a montré que lorsqu'on imagine des objets, on active les mêmes zones du cortex inféro-temporal que lorsqu'on les voit effectivement. Par exemple, K. M. O'Craven et N. Kanwisher ont soumis des sujets à deux tâches en IRM fonctionnelle[14]. Dans la première, ils voyaient des séries de visages illustres ou de bâtiments célèbres, et devaient penser à leurs noms (Nixon, la tour Eiffel...). La seconde était l'exact opposé : on leur présentait les noms célèbres en leur demandant cette fois d'imaginer le plus précisément le visage ou le bâtiment correspondants. Comme le montre la figure 19 (voir hors-texte), la région des visages s'activait sélectivement lors de la perception, mais aussi de l'imagination des visages, et la région des lieux lors de la perception, mais aussi de l'imagination des bâtiments. Il y a donc un recouvrement des systèmes qui servent à reconnaître les objets et ceux qui permettent d'imaginer ces mêmes objets. Cela concerne les régions inféro-temporales, qui peuvent être activées de l'extérieur mais aussi de l'intérieur dans leur fonction d'imagination. D'ailleurs, elles font partie des régions les plus fortement activées au cours du sommeil paradoxal, le plus riche en rêves[15]. C'est la toile où se projettent nos plus beaux songes...

O'Craven et Kanwisher n'ont rien fait d'autre que de la lecture de pensées[16]. Quand un sujet de l'expérience pensait à un visage, ou à un bâtiment, la localisation précise des activations de leur système visuel permettait de le savoir sans que le sujet n'en dise rien. Le contenu même des pensées est ainsi révélé par la machine et rendu lisible par chacun. En réalité, cette lecture n'est possible que dans des conditions bien précises : connaissant l'instant exact de présentation des images, sachant qu'il ne peut s'agir que de visages ou de bâtiments, ayant identifié les régions répondant à ces deux catégories, il est possible de déterminer assez précisément si le sujet a vu l'un ou l'autre de ces objets. Toutefois, une fois ce premier pas accompli, rien n'interdira en principe de lire dans leur cerveau à quel visage particulier le sujet pensait, quels mots il prononçait dans l'intimité de son langage intérieur, que ses propos reflétaient la vérité ou le mensonge.

Le grand-père de Charles Bonnet

N'oublions pas notre goût pour la neuropsychologie, pour la révélation des structures mentales par le biais de la pathologie. Or il existe une riche pathologie de l'imagination, bien connue sous la rubrique des hallucinations. Celles-ci se manifestent surtout dans les psychoses, schizophréniques ou autres. Un des mécanismes supposés des hallucinations psychotiques est la méconnaissance par les patients de l'origine interne de ce qu'ils imaginent[17]. Il est parfaitement normal que nous nous parlions à nous-mêmes dans notre for intérieur. Nous n'en ressentons aucune inquiétude, car nous savons bien que ces paroles émanent de nous et sont en phase avec nos idées et nos intentions. Supposons que nous ne puissions évaluer cette correspondance entre nos intentions et nos paroles intérieures, nous en éprouverions le sentiment d'être habité par des voix étrangères, que nous ne manquerions pas d'attribuer au diable, aux voisins, à la CIA ou aux extraterrestres. Mais il existe d'autres situations, qui relèvent plus de la pratique du neurologue que du psychiatre, et dans lesquelles les hallucinations sont parfaitement perçues comme irréelles. Certaines de ces hallucinations non psychiatriques seraient le résultat d'une hyperactivité des régions perceptives, notamment des régions temporales qui nous occupent. Voyons quelques exemples vécus.

Voilà dix ans, un homme d'une trentaine d'années est venu me consulter pour des maux de tête inhabituels et tenaces[18]. Une semaine plus tôt, vers 19 heures, il avait ressenti une impression de malaise général et des maux de tête soudains. Il était allé ouvrir la fenêtre pour faire entrer de l'air, et à son plus grand ébahissement, il avait vu, flottant au-delà de la fenêtre, trois étages au-dessus du sol, un visage. Ce visage, immobile, était resté visible quinze à vingt secondes avant de disparaître. Précisons qu'il ne s'agissait pas de n'importe quel visage, mais de celui d'un de ses amis, avec lequel il avait rendez-vous vers cette heure-là, rendez-vous qui avait été annulé au dernier moment. Le patient m'expliqua que j'étais le premier à qui il faisait part de cette hallucination, et, craignant qu'elle ne le croie fou, il m'interdit absolument d'en faire part à sa femme. Un scanner cérébral (Figure 20) montra un hématome situé dans le lobe temporal droit. L'hallucination ne reparut pas, le patient fut opéré avec succès, et je n'ai plus eu aucune nouvelle de lui. Quelle interprétation peut-on donner de cette brève aventure ? La survenue des maux de tête corres-

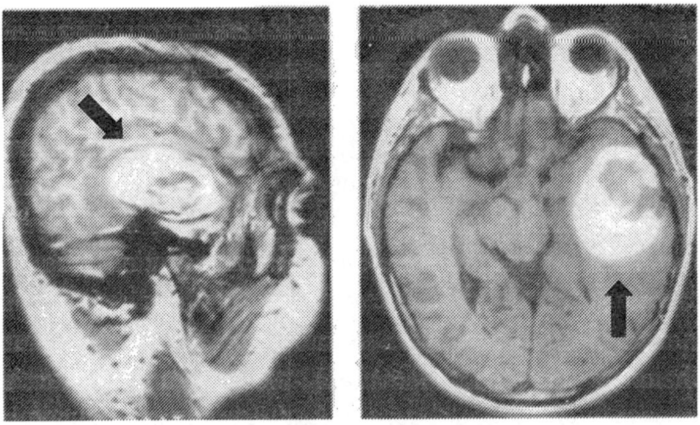

FIGURE 20 – *Lors de sa formation, cet hématome temporal droit a suscité la vision hallucinatoire d'un visage familier. Cohen L., Verstichel P., Pierrot-Deseilligny C., « Hallucinatory vision of a familiar face following right temporal hemorrhage »,* Neurology, *1992, 42 : 2052.*

pond certainement à l'instant où se forma l'hématome, à la suite de la rupture d'un petit vaisseau cérébral. Or la formation d'un hématome peut entraîner dans le cortex adjacent une crise d'épilepsie localisée, c'est-à-dire une sorte de décharge électrique anormale et synchronisée d'un grand nombre de neurones. Les crises localisées de cette espèce se manifestent par des symptômes qui reflètent les fonctions normales de la région concernée : mouvements anomaux si nous sommes dans une région motrice, fourmillements divers dans les régions sensitives, etc. On peut spéculer que, dans notre cas, une décharge épileptique a activé une région temporale spécialisée dans la représentation des visages, région dont nous savons qu'elle est proche de l'hématome, dans le lobe temporal droit. Nous aurions là une sorte d'image inversée de la prosopagnosie : non pas une perte, mais une brève hyperactivité du système de représentation des visages, en l'absence de tout visage dans le monde extérieur. Pourquoi celui-ci plutôt qu'un autre ? Peut-être la pensée récente de l'ami avec lequel il aurait dû se trouver à cette heure se maintenait-elle juste sous le seuil de la conscience, n'attendant qu'un petit surcroît d'activation pour y surgir.

Il existe une autre circonstance, moins exceptionnelle, dans laquelle des hallucinations visuelles très vives peuvent survenir et qui mettent en jeu le cortex inféro-temporal. En 1760, le naturaliste et philosophe suisse Charles Bonnet, par ailleurs découvreur de la parthénogenèse des pucerons, raconta les visions dont avait souffert son propre grand-père Charles Lullin, en son grand âge : « Je connais un homme respectable, plein de santé, de candeur, de jugement et de mémoire, qui en pleine veille, et indépendamment de toute impression du dehors, aperçoit de temps en temps devant lui des figures d'hommes, de femmes, d'oiseaux, de voitures et de bâtiments. Il voit ces figures se donner différents mouvements, s'approcher, s'éloigner, fuir, diminuer et augmenter de grandeur, paraître, disparaître, reparaître : il voit les bâtiments s'élever sous ses yeux et lui offrir toutes les parties qui entrent dans leur construction extérieure. Les tapisseries de ses appartements lui paraissent se changer tout à coup en tapisseries d'un autre goût et plus riche, d'autres fois il voit les tapisseries se couvrir de tableaux qui représentent différents paysages. Un autre jour au lieu de tapisseries et d'ameublements, ce ne sont que des murs nus et qui ne lui présentent qu'un assemblage de matériaux bruts. [...] Tout cela paraît avoir son siège dans la partie du cerveau qui répond à l'organe de la vue. La personne dont je parle a subi en différent temps et dans un âge très avancé, l'opération de la cataracte aux deux yeux. [...] Mais ce qu'il est très important de remarquer, c'est que ce vieillard ne prend point, comme les visionnaires, ses visions pour des réalités, il sait juger sainement de toutes ces apparitions et redresser toujours les premiers jugements[19]. »

Ce syndrome, auquel est resté attaché le nom de Charles Bonnet, n'est pas exceptionnel, il touche invariablement des personnes âgées souffrant de sévères affections des yeux. Une patiente, ancienne professeur d'université, m'avait raconté, perplexe et inquiète, que la première bizarrerie à laquelle elle avait assisté avait été le décollage de ses carottes râpées, qui avaient quitté son assiette pour se fixer au plafond. Par la suite, elle avait vu un vaste troupeau de bœufs entrer dans les jardins du Sénat. Traversant Paris en voiture (ce n'était heureusement pas elle qui conduisait), il lui avait semblé voyager dans les décors d'un film médiéval, avec chevaliers en armure, maisons à pignons, etc. Alors même que nous discutions, elle m'avoua qu'elle voyait, chose horrible, mon visage se couvrir à vue d'œil d'une barbe noire et luisante. Comme le grand-père de Charles Bonnet, elle gardait conscience de l'irréalité de ces prodiges. On a longtemps soupçonné que ces hallucinations résultaient d'une activité spontanée anormale du système visuel cérébral, comme « libéré » du contrôle du monde réel par les troubles visuels. En ce sens, elles ont été rapprochées des hallucinations qui surviennent dans des situations de privation sensorielle totale.

On n'a pu mettre que récemment en évidence une hyperactivité du cortex visuel en rapport avec les hallucinations. En 1998, ffytche et ses collaborateurs ont placé dans une machine d'IRM des patients souffrant d'un syndrome de Charles Bonnet[20]. Ils leur ont demandé, pendant cinq minutes, d'indiquer à quels instants apparaissaient et disparaissaient les hallucinations, et d'en rapporter le contenu. Ils ont ensuite déterminé quelles étaient les régions cérébrales dont l'activité variait de façon concomitante aux hallucinations. Ces régions n'étaient autres que le cortex occipital et temporal inférieur, dont nous avons vu qu'elles étaient à la base de la perception des objets réels : la survenue d'une hallucination était annoncée et accompagnée par une augmentation locale du débit sanguin (Figure 21, voir hors-texte). La localisation précise de ces activations semblait de plus varier selon le contenu des hallucinations, avec par exemple des activations de V4 associées aux hallucinations colorées et non à celles en noir et blanc.

Ainsi, les régions qui nous intéressent servent non seulement à représenter les objets effectivement perçus, mais sont aussi le lieu où se forment les images mentales suscitées par le souvenir ou l'imagination.

Gauche, droite, gauche, droite

Nous avons vu que les voies d'entrée dans le système visuel ont une organisation croisée : chaque hémisphère reçoit l'image de la moitié opposée du champ visuel. Pourtant, nous percevons le monde extérieur comme un tout englobant sans discontinuité les deux moitiés de l'espace. Il ne se produit subjectivement rien de particulier lorsqu'un objet en mouvement traverse la ligne médiane de la vision. Cela suggère que, une fois les deux moitiés de l'image rétinienne distribuées entre les deux hémisphères de façon croisée, les informations reçues par l'hémisphère droit et par l'hémisphère gauche peuvent être liées, combinées, échangées entre elles. Nous avons aussi vu qu'au-delà d'une certaine étape, le cortex visuel du dessous du lobe temporal reçoit l'information des deux moitiés du champ visuel, et donc des deux hémisphères. Tout cela montre l'importance des communications entre l'hémisphère droit et l'hémisphère gauche.

Les communications entre les deux hémisphères sont assurées par des faisceaux de fibres nerveuses passant en pont d'un côté à l'autre. La principale de ces commissures est connue sous le nom de « corps calleux » (Figure 22, voir hors-texte). C'est un épais faisceau formé de 200 à 500 millions de fibres nerveuses, qui assure la connexion des régions correspondantes du cortex des deux hémisphères. L'avant du corps calleux relie les lobes frontaux droit et gauche, l'arrière du corps calleux relie les lobes occipitaux droit et gauche, et la partie moyenne connecte les lobes pariétaux et temporaux. Nous reviendrons plus tard sur les fonctions du corps calleux et sur certaines conséquences de sa destruction. Bornons-nous pour l'instant à souligner son rôle dans la circulation de l'information visuelle. L'arrière du corps calleux réunit les systèmes visuels droit et gauche et permet aux images du monde extérieur de parvenir finalement aux deux hémisphères, quel que soit le point de l'espace où elles apparaissent.

Que se passe-t-il chez un patient dont le corps calleux a été détruit ? Présentons-lui simultanément deux images, l'une dans la moitié gauche et l'autre dans la moitié droite de son champ visuel. Comme d'habitude, l'image de droite parvient à l'hémisphère gauche et l'image de gauche est perçue par l'hémisphère droit. Mais du fait de la destruction du corps calleux, les deux hémisphères ne peuvent plus communiquer entre eux. Quand on lui demande de dire si les deux images sont identiques ou différentes, le patient en est totalement incapable et répond au hasard ! Maintenant, que répondra-t-il si on lui demande ce que représentent les images ? On a vu que seul l'hémisphère gauche sait parler (Figure 23). Il ne peut évidemment parler que de ce qu'il perçoit. Du fait de la lésion du corps calleux, il n'a perçu que l'image présentée à droite. Si on lui avait montré une brosse à dents à gauche et une citrouille à droite, le patient aurait répondu : « J'ai vu une citrouille », et n'aurait pas dit un mot de la brosse à dents. L'hémisphère gauche sait parler, mais ne voit que la citrouille, et l'hémisphère droit, qui voit la brosse à dents, ne sait pas parler.

Et l'homme-thermomètre ?

Nous sommes maintenant prêts à nous attaquer au diagnostic de l'homme-thermomètre. Les principaux acteurs sont en place. D'une part, le système du langage, composé de

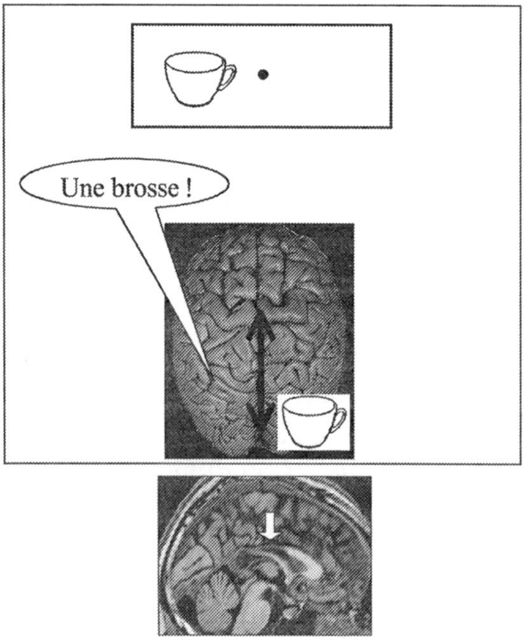

FIGURE 23 – *L'arrière du corps calleux de Madame R. était détruit. La tasse présentée dans la moitié gauche de son champ visuel arrive dans son hémisphère droit, et ne peut passer dans son hémisphère gauche. Celui-ci, seul doué de la parole, répond donc de façon erronée.*

multiples régions spécialisées et interconnectées, toutes localisées dans l'hémisphère gauche (en général...). D'autre part, le système visuel, distribué sur les deux hémisphères. Le système visuel de chaque hémisphère reçoit initialement l'image de la moitié opposée du champ visuel, puis à partir d'un certain niveau d'analyse, l'information peut passer d'un hémisphère à l'autre *via* le corps calleux. C'est à ce niveau, à un stade avancé de l'analyse visuelle, qu'interviennent les régions que nous avons baptisées « IT » et qui identifient les objets complexes, au sein desquelles par ailleurs semble régner une certaine spécialisation pour telle ou telle catégorie d'objets.

La question que nous allons aborder dans les chapitres suivants sera au cœur de la compréhension du cas de l'homme-thermomètre : comment ces deux systèmes, langage et vision, s'articulent-ils ? Schématiquement, quand on prononce le nom d'un objet que l'on voit, ou qu'on lit un mot, l'image est assimilée par le système visuel, et c'est le résultat de cette assimilation qui permet dans un second temps d'accéder au sens de l'objet ou du mot, ainsi qu'au mot du langage parlé que l'on va finalement prononcer. Les régions inféro-temporales jouent un rôle crucial dans cette articulation de la vision et du langage. En effet, elles constituent en quelque sorte le stade ultime du système visuel, et donc le point de passage vers... la suite, c'est-à-dire le sens et le langage. Nous allons maintenant étudier de près l'une de ces régions, ses propriétés et les conséquences de sa destruction. Ce faisant, nous approcherons beaucoup de notre but, puisqu'il s'agit d'une région détruite chez l'homme-thermomètre.

CHAPITRE 5

L'alexie pure

Le 19 octobre 1887...

Nous en savons maintenant assez sur le langage et la vision pour percer les mystères de l'homme-thermomètre. Lorsque je lui montrais des objets pour qu'il m'en donnât le nom, Monsieur Mathieu Z. ne les reconnaissait visiblement pas et les prenait pour des thermomètres. C'était notamment le cas des mots écrits, qu'il voyait mais ne pouvait nommer, c'est-à-dire lire. En d'autres termes, Monsieur Z. était alexique. L'alexie désigne la perte plus ou moins complète de la capacité de lire chez quelqu'un qui avait auparavant acquis cette compétence. Mais Monsieur Z. pouvait toutefois écrire, il n'était donc pas agraphique. Or il se trouve que l'alexie sans agraphie, que nous allons décrire dans un instant de façon plus précise, est un des tableaux les plus remarquables et les plus purs de la neuropsychologie. C'est probablement ce phénomène qu'a observé Girolamo Mercuriale, surtout connu comme grand ancêtre des kinésithérapeutes, chez un noble italien en 1588. Il mentionne « une chose véritablement étonnante : cet homme pouvait écrire mais ne pouvait lire ce qu'il avait écrit ». Après quelques observations éparses publiées depuis les années 1860, c'est en 1892 que Jules Joseph Déjerine, neurologue à l'hospice de Bicêtre, où il exerçait trente ans environ après Broca, présenta le premier travail combinant une description détaillée de l'alexie sans agraphie, une autopsie très précise du cerveau, et une interprétation physiopathologique claire[1]. Nous suivrons donc la piste de l'alexie pour commencer le diagnostic du cas de Monsieur Z. Si nous comprenions pourquoi il ne reconnaissait pas les mots, alors nous comprendrions peut-être aussi pourquoi il ne reconnaissait pas les objets.

« En novembre 1887, mon ami M. le Dr Landolt m'envoyait, à Bicêtre, un malade chez lequel il avait diagnostiqué l'existence d'une cécité verbale avec hémianopsie et hémiachromatopsie du côté droit [...]. Je revis ce malade un assez grand nombre de fois dans le courant de l'hiver 1887-1888, dans mon service, où il vint assez longtemps et régulièrement deux fois par semaine. Je le revis ensuite pendant les années 1889-1890 et 1891. Il mourut en quelques jours au commencement de cette année, et la famille m'autorisa à pratiquer à domicile son autopsie. » Voici comment débute la relation que fit Déjerine, devant la Société de biologie, en février 1892, du cas de Monsieur C. Qui était donc Monsieur C. ? Écoutons Déjerine. « C'est un homme d'une intelligence plus qu'ordinaire. Ayant été assez longtemps négociant en tissus, il a acquis une petite fortune, lui permettant depuis plusieurs années de vivre de ses rentes. Il est marié et n'a pas eu d'enfants. Le ménage C. est très uni ; sa femme, plus jeune que son mari de quelques années, est également très cultivée ; elle est, en particulier, très forte musicienne et a inculqué ce goût à son mari depuis longtemps. » Déjerine rapporte ensuite l'accident vasculaire dont son patient a été victime. « Madame C. raconte que le 19 octobre 1887, son mari éprouva subitement, et sans aucune perte de connaissance, de fréquents engourdissements de la jambe droite, ne durant que quelques minutes. » Quelques jours plus tard, « le malade s'aperçut brusquement qu'il ne pouvait plus lire un seul mot *tout en écrivant et en parlant très bien et en distinguant aussi nettement qu'auparavant les objets et les personnes qui l'entouraient*. Persuadé qu'il n'était atteint que de troubles de la vision qui céderaient à l'emploi de lunettes appropriées, il s'en alla consulter le Dr Landolt quinze jours après l'apparition de ces symptômes ». Que constata le Dr Landolt, ophtalmologiste, lorsqu'il plaça devant Monsieur C. l'habituel tableau de lettres grandes et petites, Z, U, etc. ? « Il ne peut nommer aucune des lettres du tableau ; cependant, il affirme les voir parfaitement. Instinctivement, il esquisse du geste leur forme, sans arriver à dire leur nom. Le priant de recopier sur du papier ce qu'il voit, il y parvient, mais non sans peine, en recopiant les lettres trait après trait, comme s'il s'agissait d'un dessin technique, examinant chaque jambage pour s'assurer de l'exactitude du dessin. Malgré tous ces efforts, il est incapable de nommer les lettres. Il compare l'A à un chevalet, le Z à un serpent, le P à une boucle. » Monsieur C. ne peut plus lire et pourtant « il écrit sous la dictée tout ce qu'on veut sans faute et couramment. Mais vient-on à l'interrompre dans une phrase qu'il écrit sous la dictée, il s'embrouille et ne sait plus où reprendre ses lettres ». En effet, « il ne peut jamais se relire ».

Voici le cœur de ce type d'alexie : la lecture est perdue mais l'écriture est parfaitement conservée. Bien entendu, il faut que l'impossibilité de lire ne s'explique pas simplement par une mauvaise qualité de la vision. Si vous êtes presbyte et que vous retirez vos lunettes, ou plus simplement si vous fermez les yeux, vous ne pourrez plus lire alors que vous pourrez écrire : vous ne serez pas pour autant alexique, encore moins alexique pur ! La situation de Monsieur C. était très différente, puisqu'il distinguait parfaitement la forme des lettres qu'il ne pouvait pas lire. Sa perception visuelle n'était toutefois pas parfaitement intacte : alors que sa vision était normale dans la moitié gauche de son champ visuel, il avait perdu la perception des couleurs du côté droit. « Aucune couleur n'est perçue dès que l'objet coloré a dépassé la ligne verticale passant par le centre du champ visuel. Les couleurs les plus vives ne produisent que l'impression du gris. [...] Les objets colorés fixés au niveau du 0° semblent n'être colorés que dans leur moitié gauche [...]. » On se souvient que Monsieur Mathieu Z., l'homme-thermomètre, était purement et simplement aveugle dans la moitié droite de son champ visuel. Monsieur C. était lui seulement *achromatopsique* dans cette même moitié droite du champ visuel. Lorsqu'il regardait droit devant lui, la moitié gauche du monde lui apparaissait en couleurs et la moitié droite en noir et blanc. Les chapitres précédents nous permettent de localiser l'endroit approximatif où se trouvait la lésion de Monsieur C. : il avait une achromatopsie à droite, donc la région V4 gauche devait être détruite (entre autres), sa lésion allait par conséquent résider sur le dessous du cerveau, dans la région occipito-temporale gauche. La mort de Monsieur C., cinq ans plus tard, confirme ce diagnostic. Bien sûr, son achromatopsie n'explique en rien son incapacité radicale à lire quoi que ce soit.

Le type d'alexie dont souffrait Monsieur C. porte de nombreux noms. Au cours des cent trente années écoulées, les neuropsychologues se sont plu à faire foisonner les termes désignant les troubles qu'ils observaient, certains pour refléter leur conception personnelle de la maladie. Ainsi, le déficit de Monsieur C. porte-t-il les noms d'alexie sans agraphie, d'alexie agnosique, de cécité verbale, de dyslexie périphérique, d'alexie pure, d'alexie lettre par lettre, etc. Je garderai le terme d'alexie *pure*, que cette alexie-là mérite à plusieurs titres. Premièrement, elle ne s'accompagne d'aucun autre trouble dans l'usage du langage : la production et la compréhension de la parole sont normales, et, plus étonnant peut-être, l'écriture l'est également. Deuxièmement, le défaut de reconnaissance n'affecte que les mots et les lettres, il épargne objets et visages. Ainsi, Déjerine note à propos de Monsieur C. que « si on lui montre des objets, il les nomme sans difficulté ; il indique par leur nom toutes les parties des instruments contenus dans un album de technique industrielle. Cet examen ne met pas une seule fois sa mémoire en défaut ; les dessins éveillent aussitôt le mot propre et l'idée de l'usage des objets ». Cette capacité à reconnaître tout ce qui n'est pas de l'écriture peut permettre, dans quelques cas anecdotiques, d'identifier des lettres. « En lui donnant le journal LE MATIN, qu'il lit souvent, le malade dit : "C'est LE MATIN, je le reconnais à sa forme." Mais il ne peut lire aucune des lettres du titre... » Un autre patient ne reconnaissait pas les lettres R et F présentées isolément mais les identifiait dans l'en-tête de papiers officiels, entourées de drapeaux, formant le logo de la République française. Même si vous ne connaissez ni l'alphabet cyrillique, ni l'alphabet grec, ni l'alphabet arabe, vous reconnaîtrez le logo « Coca-Cola », dans toutes ces écritures, comme Monsieur C. reconnaissait l'en-tête de son journal du matin. Ce n'est pas vraiment de la lecture, mais de la reconnaissance d'une forme d'objet parmi d'autres.

L'alexie est également pure dans un troisième sens : elle ne touche que la vision. Mais comment pourrait-on lire autrement que par les yeux ? Monsieur C. a spontanément trouvé une de ces voies de lecture non visuelle. Revenons au texte de 1892. « En s'aidant d'un artifice, il arrive cependant à pouvoir lire des lettres, voire même des mots. Il dessine du geste les contours des lettres et arrive ainsi [...] à reconnaître la lettre. De même, il reconnaît la plupart des lettres lorsqu'on conduit son index en l'air pour lui en faire exécuter les contours [...]. » En suivant le contour d'une lettre du doigt, le cerveau prend connaissance de la forme de la lettre *via* la perception qu'il a des mouvements du doigt, ce qu'on appelle la proprioception. Certains patients développent d'ailleurs l'habitude, parfois difficile à déceler, de suivre le contour des lettres non du doigt, mais de petits mouvements de la tête ou même des yeux, selon le même principe. Mais il existe encore d'autres sens qui permettent de contourner le problème visuel. Le tact : si on trace le contour d'une lettre sur la peau du patient, il peut la reconnaître, alors qu'il en est incapable lorsqu'il voit cette lettre. Enfin, l'audition : si on leur épelle un mot, ces patients peuvent en général le reconnaître très facilement.

Il faut mentionner un dernier point concernant les manifestations classiques de l'alexie pure. Certains patients, comme Monsieur C., sont virtuellement incapables de reconnaître même des lettres isolées. D'autres peuvent encore reconnaître passablement les lettres, en les inspectant une à une, au besoin en retraçant leur contour du doigt. Cela leur permet de développer une stratégie de lecture lettre par lettre. Ils les identifient l'une après l'autre, disent leur nom (à voix haute ou basse) et peuvent ainsi épeler le mot et finalement l'identifier. Par exemple MAISON est lu : « M, A, I, ça fait "mai", S, O, N, ça fait… MAISON ! » Cette stratégie, qui peut devenir très rapide, est une des voies de rééducation de l'alexie pure. Mais quelle que soit l'habileté du patient, cette technique de lecture se trahit toujours au fait que plus le mot est long, plus la lecture prend du temps. Or ce n'est pas le cas dans la lecture normale. En effet, dans la limite de mots d'une longueur raisonnable, disons de 3 à 7 lettres, on met sensiblement autant de temps pour lire un mot long qu'un mot court. Cette absence d'effet de la longueur des mots sur les performances de lecture se développe progressivement au cours de l'apprentissage de la lecture. Les enfants qui commencent à lire le font d'abord lettre à lettre et prennent d'autant plus de temps que le mot qu'ils déchiffrent est plus long. Lorsqu'ils deviennent des lecteurs avertis, leur système visuel apprend à identifier en parallèle toutes les lettres du mot qu'ils voient. Il est intéressant de noter que cette expertise perceptive est restreinte aux conditions habituelles de lecture : si l'on essaie de lire un mot qui apparaît à l'extrême gauche de son champ visuel, ou qui est imprimé verticalement, ou en AlTeRnAnCe de majuscules et de minuscules, l'effet de la longueur ressurgit aussitôt.

Résumons-nous. L'alexie pure est une panne du système visuel qui n'affecte pas la perception des formes mais qui empêche de reconnaître les objets bien particuliers que sont les mots et les lettres. Même quand les patients s'arrangent pour reconnaître plus ou moins laborieusement les lettres isolées, leur lecture reste anormale puisqu'ils n'ont plus accès à la lecture rapide et parallèle qui est le propre de la lecture experte à laquelle les avait entraînés leur éducation antérieure.

Aphasie, agraphie, et mort d'un négociant en tissus

Quel fut le sort de Monsieur C. ? De 1887 à 1892, l'alexie resta stationnaire. « Ce fait l'exaspère souvent, et quoique son affection ait duré quatre ans, il n'a jamais pu se faire à cette idée qu'il ne pût lire, tout en ayant conservé la faculté d'écrire. » En janvier 1892, un second accident vasculaire survint. Monsieur C. perdit cette fois la capacité d'écrire (Figure 24), mais aussi de parler. Il présente une aphasie sévère ; toutefois « son intelligence est parfaitement conservée, il comprend toutes les questions qu'on lui pose, s'intéresse encore à tout ce qui se passe autour de lui ». Dix jours après ce second accident, « il tombe dans le coma et succombe le samedi 16 janvier à dix heures du matin ».

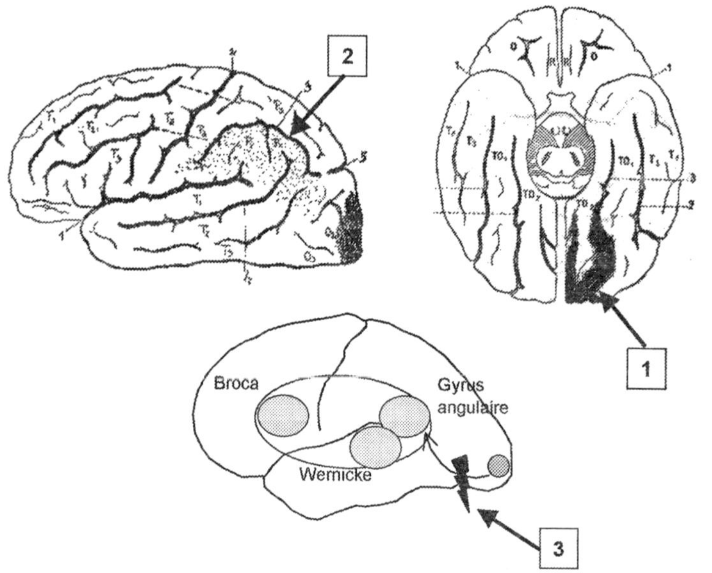

FIGURE 24 – *Sur les croquis de Jules Déjerine, on voit la lésion (1) responsable de l'alexie pure de Monsieur C., assez similaire à celle de l'homme-thermomètre. Une autre lésion dans le gyrus angulaire (2) lui a fait perdre également l'écriture. Déjerine interprète l'alexie pure comme une déconnexion entre le cortex visuel et la mémoire de l'orthographe des mots (3).*

Vingt-quatre heures après la mort, Déjerine procédait à l'autopsie et observait deux lésions cérébrales, l'une ancienne et l'autre très récente, correspondant aux deux accidents dont avait été victime Monsieur C. La lésion ancienne, responsable de l'alexie pure, était presque identique à celle de notre homme-thermomètre : elle touchait la partie inférieure des lobes occipital et temporal gauches (Figure 24). Notons au passage que cette lésion incluait la région V4, comme nous nous en doutions, expliquant la perte de la vision des couleurs du côté droit. On ne sera pas surpris qu'une lésion inféro-temporale supprime la reconnaissance visuelle des objets. Nous avons déjà rencontré plusieurs cas analogues à propos du cortex inféro-temporal chez l'homme : prosopagnosie, agnosie visuelle pour les objets, etc. Quant à la seconde lésion, récente et responsable de la perte de l'écriture et de l'altération de la parole, elle se trouvait dans le lobe pariétal gauche, plus précisément dans la région du gyrus angulaire gauche, jadis nommé « pli courbe ». Qu'est-ce au juste que ce gyrus ? Il s'agit d'une de ces régions corticales impliquées dans le langage, située juste en arrière de la scissure de Sylvius, et dont nous découvrons maintenant qu'elle joue un rôle important dans le langage écrit.

Cette importance cruciale du gyrus angulaire pour le langage écrit, ce n'est pas avec Monsieur C. que Déjerine l'avait découverte. En effet, il avait étudié en 1890 un autre patient, le terrassier Séjalon[2]. Âgé de 63 ans, Monsieur Séjalon avait été hospitalisé pour quelques « troubles de la parole ». Déjerine raconta plus tard : « Quelques jours après son entrée à Bicêtre, Séj… s'aperçoit un matin qu'il ne peut plus lire son journal. Il entre dans mon service le 12 février 1890. » Mais alors même que ses difficultés de parole avaient disparu, le terrassier devient non seulement incapable de lire, mais aussi d'écrire le moindre mot, à part son propre nom. Neuf mois plus tard, Monsieur Séjalon mourut, Déjerine procéda à l'autopsie, et trouva en tout et pour tout une lésion « de la grandeur d'une pièce de cinq francs » dans la région du gyrus angulaire gauche. C'est alors que Déjerine avança l'idée que, dans la mosaïque des régions du langage, c'est le gyrus angulaire qui contiendrait les « images » des lettres et des mots, pour reprendre un terme ancien. C'est là que serait stockée la connaissance que le mot « chapeau » s'écrit C + H + A + P + E + A + U. La vision du mot écrit solliciterait cette mémoire de l'orthographe tout comme l'action d'écrire ce mot. Ayant perdu ces « images » orthographiques, Monsieur Séjalon se trouvait donc incapable non seulement de reconnaître les mots, mais aussi de les écrire. En d'autres termes, il s'était retrouvé dès le départ alexique *et* agraphique, alors que le négociant en tissus, Monsieur C., ne s'était retrouvé dans cet état que peu avant son décès, à la suite d'un second accident. Avec toutes ces données en main, Déjerine put alors reconstituer un scénario complet.

D'une part, Monsieur C. voyait clairement les mots et son système visuel était donc largement intact. D'autre part, Monsieur C. n'était pas aphasique et connaissait parfaitement l'orthographe des mots (puisqu'il écrivait normalement), et son système verbal était donc aussi intact. Bonne vision d'une part, bon langage d'autre part, une seule conclusion restait possible : l'alexie devait résulter d'un défaut de communication, d'une *déconnexion* entre l'un et l'autre. La perception des lettres et des mots formée par le système visuel ne réveillait pas les connaissances stockées dans le système verbal, nécessaires à la compréhension ou à la prononciation du mot. Selon Déjerine, l'explication de l'alexie pure se résumait donc, avec tout le respect dû, à un problème de plomberie. Selon sa théorie, ce qui avait rendu Monsieur C. alexique n'était pas la destruction d'un fragment de cortex, mais bien la destruction de faisceaux de fibres situées en profondeur, sous le cortex, dans ce qu'on appelle la « substance blanche ». Les faisceaux conduisant l'information depuis les régions visuelles jusqu'aux régions du langage s'interrompurent si bien que le patient ne pouvait plus lire les mots qu'il voyait.

Regardons d'un peu plus près le câblage en question, toujours dans le cadre de la théorie de Déjerine. Imaginons d'abord qu'on nous présente un mot uniquement dans la moitié droite de notre champ visuel. Comme nous le savons depuis quelques chapitres, ce mot est reçu par les aires visuelles primaires de notre hémisphère gauche. Pour aller vite, au temps de Déjerine, le système visuel cérébral se résumait au cortex primaire, l'importance du cortex inférieur du lobe temporal dans la vision était largement méconnue. On pensait donc qu'après le cortex visuel primaire, le mot était transmis jusqu'aux régions du langage par des câbles de substance blanche courant dans la profondeur du lobe temporal gauche.

Imaginons maintenant qu'on nous fasse voir ce mot dans la moitié gauche de notre champ visuel. Le trajet de l'information est alors un peu plus compliqué. Le mot sera naturellement analysé par le système visuel de notre hémisphère droit. Les câbles qui conduisent ensuite ce mot vers les régions du langage passent d'abord dans l'hémisphère gauche par le corps calleux, puis se joignent à ceux qui proviennent des aires visuelles gauches. Pour expliquer que Monsieur C. ne pût rien lire du tout, où que les mots fussent présentés dans son champ visuel, Déjerine imagina donc que la lésion temporale gauche interrompait toutes les fibres en route vers le gyrus angulaire gauche : celles en provenance des régions visuelles gauches et celles en provenance des régions visuelles droites *via* le corps calleux (Figure 24).

Déjerine, cent ans plus tard

Disons-le tout de suite : la théorie de Déjerine a plutôt bien vieilli mais demande tout de même quelque ravalement. Heureusement, ce que nous avons appris du système visuel va nous permettre de procéder nous-mêmes au ravalement à peu de frais. Nous savons que, si nous suivons d'arrière en avant le courant des voies visuelles à partir de l'aire primaire, nous allons passer par toute une cascade de régions spécialisées dans le calcul des différents paramètres de l'image (forme, couleur, mouvement...). Plus en avant encore, nous arriverons à des régions inféro-temporales réagissant à la vue de formes complexes et plus ou moins spécialisées pour telle ou telle catégorie d'objets (visages, bâtiments, etc.). Comme nous venons de le voir, l'opinion commune à l'époque de Déjerine était que toute la perception du monde extérieur s'élaborait dans l'aire visuelle primaire et qu'il ne s'agissait plus ensuite que d'associer ce percept aux connaissances stockées dans la mémoire. Le rôle des régions temporales dans l'élaboration d'une représentation visuelle était donc largement méconnu. De là vient la principale différence entre l'interprétation de Déjerine et les conceptions actuelles de l'alexie pure. Pour Déjerine, la lésion du dessous du lobe temporal gauche entraînait une pure déconnexion entre la perception visuelle, confinée à la région visuelle primaire, et les aires du langage situées à la face latérale de l'hémisphère. Dans la conception actuelle, la lésion, en détruisant une partie du cortex visuel, empêche l'élaboration d'une représentation visuelle normale des mots. De fait, les lésions qui donnent une alexie pure touchent en général le cortex, et pas exclusivement (ou même pas du tout...) les fibres de substance blanche qui étaient supposées transporter l'information depuis la vision jusqu'au langage. L'explication en termes de déconnexion entre vision et langage avancée par Déjerine n'est donc pas suffisante. Il est plus vraisemblable que la lésion temporale empêche purement et simplement le système visuel de créer une représentation élaborée des lettres et des mots perçus. Rappelons-nous les neurones du singe qui codent des formes élaborées assez similaires visuellement à des lettres !

Prenons un peu de recul et réfléchissons à ce que pourrait être cette représentation des mots constituée aux étapes ultimes du système visuel. Que doit-il en principe se produire dans la tête d'un lecteur entre l'instant où la lumière réfléchie par un mot imprimé frappe sa rétine, et l'instant, une demi-seconde plus tard, où il prononce ce mot à haute voix ? Comme le pensait Déjerine, ce qui se passe au cours de cette demi-seconde peut se décomposer en deux phases successives : vision, puis langage. Mais où se situe exactement la limite entre ces deux étapes ? En d'autres termes, quel est le produit final de l'analyse d'un mot par le système visuel ? Quelle est la nature du petit colis que le système visuel passe au système verbal ? Vraisemblablement, le système visuel doit identifier les lettres, déterminer l'ordre dans lequel elles sont rangées les unes par rapport aux autres. Devant le mot « maison », tout ce qu'on demande au système visuel est de passer au système verbal un message du genre « il y a un M suivi d'un A, puis un I, un S, un O, et finalement un N, maintenant à toi de jouer ». La suite n'est plus du ressort du système visuel mais bien du système du langage : déterminer la prononciation du mot, sa signification, ou sa catégorie grammaticale (si c'est un nom, un adjectif, un verbe...). Toutes caractéristiques qui n'ont plus rien à voir avec l'aspect visuel du mot.

Or, pour parvenir à identifier les lettres qui composent un mot, ce qui est bien ce qu'on attend de lui, le système visuel doit faire un très subtil travail d'abstraction (Figure 25). Prenons la lettre A comme exemple simple. Un A vu dans la moitié droite du champ visuel projette une image sur la moitié gauche des rétines, et inversement. Il projette dans les yeux une image toute petite s'il est vu de loin, mais très grande de près. Les diverses variantes de A majuscules, minuscules, imprimées, manuscrites et autres, ont des formes très différentes, au point de ne pas se ressembler entre elles. Le lien entre un « A » et un « a » est purement arbitraire. Ce n'est que par une convention de la typographie latine que ces deux formes, qui ne se ressemblent pas plus qu'un « A » et un « e », sont les signes visibles d'une seule et même lettre abstraite. Cette variété de formes n'est pas pertinente. Ce qui importe pour reconnaître le mot,

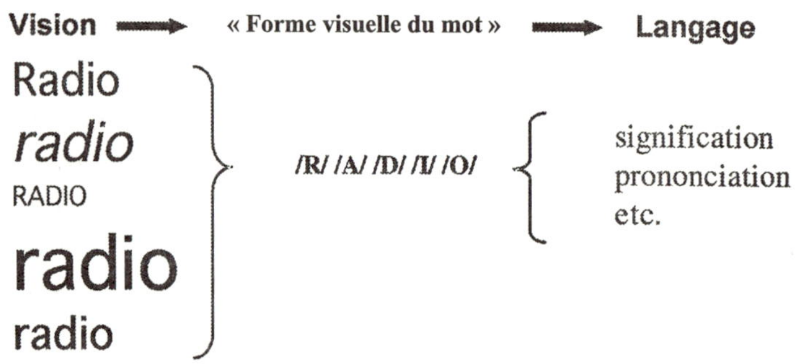

FIGURE 25 – *La lecture d'un mot se déroule en deux étapes. D'abord le système visuel détermine quelles sont les lettres présentes, et cela quelles que soient la forme des caractères, leur taille, leur position, etc. On appelle « Forme Visuelle du Mot » cette identité abstraite des lettres. Elle est ensuite transférée au système du langage qui détermine le sens, la prononciation, etc.*

c'est de trouver l'identité abstraite de la lettre. Le système visuel doit donc absolument se dégager de cette variabilité et dans tous les cas nous dire « c'est un A ! », puisqu'il n'y a finalement que cela qui compte. On dit que la représentation finale à laquelle arrive le système visuel est *invariante*, c'est-à-dire qu'elle est la même quelles que soient les *variations* dans la position, la taille, la couleur, l'inclinaison, la distance, la forme des caractères. Cette représentation abstraite des suites de lettres porte un nom savant et trompeur : « la Forme Visuelle du Mot » (*Visual Word Form*). Ce nom est assez trompeur, car le propre de cette représentation calculée par le cerveau est justement qu'elle n'est pas influencée par les détails de la forme des lettres, mais qu'elle spécifie abstraitement, comme nous venons de le voir, « il y a un M suivi d'un A, puis un I, etc. ».

Admettons maintenant qu'il existe dans le cortex visuel une petite zone dont la fonction soit justement de calculer et d'héberger cette forme visuelle du mot. Quelle serait la conséquence de la destruction de cette région ? Rien de plus simple : le système verbal ne reçoit plus de forme visuelle du mot en provenance du système visuel et ne peut donc ni prononcer ni comprendre le mot écrit. En revanche, cela n'empêche ni de parler ni d'écrire. Cette situation a un nom, que nous connaissons bien, l'alexie pure, celle du patient de Déjerine, Monsieur C., comme celle aussi de notre homme-thermomètre. Nous voici donc arrivés à une petite théorie de l'alexie pure : le cortex visuel temporal ne parvient plus à calculer la forme visuelle du mot, qui est une représentation des suites de lettres perçues, mais une représentation abstraite, indépendante de la taille, de la distance, de la couleur, de la forme exacte des caractères employés.

Nous allons maintenant nous mettre en chasse, et essayer de repérer dans le cerveau le lieu où se trouve physiquement la forme visuelle du mot. Pour cela, nous utiliserons l'imagerie fonctionnelle cérébrale, tout en nous laissant guider par la neuropsychologie. Dans la mosaïque de dizaines de régions corticales consacrées à la vision, quelle est celle qui est à ce point cruciale pour la lecture ? Ce n'est pas V1 : un trou noir dans une moitié du champ visuel n'empêche pas de lire. Ce n'est pas V4 : le fait de voir en noir et blanc n'empêche pas de lire non plus. Ce n'est pas non plus V5, ni V2, etc. Alors où chercher ?

Où est donc la forme visuelle du mot ?

Que savons-nous aujourd'hui de la localisation cérébrale de la forme visuelle du mot ? La première source d'information est naturellement l'étude des lésions de patients souffrant d'alexie pure. Comme chez le patient décrit par Déjerine, il s'agit généralement d'infarctus dans le territoire cortical de l'artère cérébrale postérieure gauche. Ces infarctus touchent de façon plus ou moins complète le dessous des lobes occipital et temporal, ainsi parfois que l'arrière du corps calleux.

Comme il s'agit de régions impliquées dans divers aspects de la vision, et pas seulement la reconnaissance des mots, l'alexie s'accompagne souvent d'amputations du champ visuel (hémianopsie droite) ou de troubles de la vision des couleurs. On est souvent étonné de voir que, parmi les patients souffrant de lésions comparables, certains sont alexiques et d'autres ne le sont pas, et parmi les alexiques eux-mêmes, que certains peuvent encore lire lettre par lettre alors que d'autres semblent incapables de reconnaître même des lettres isolées. Afin de déterminer les zones cérébrales réellement critiques pour l'apparition d'une alexie, deux approches sont possibles : soit étudier anatomiquement en détail quelques patients rendus alexiques par des lésions de très petite taille, soit collectionner les lésions de nombreux patients, alexiques ou non, pour établir des corrélations fiables entre le siège des lésions et les symptômes. Ces travaux convergent pour suggérer qu'un repli cortical bien précis du dessous du lobe temporal gauche (le gyrus fusiforme) abrite la région critique, mais la localisation fondée sur l'analyse de lésions est encore relativement imprécise.

Quoi qu'il en soit, la neuropsychologie nous suggère que la forme visuelle des mots devrait se manifester par une activation dans la région fusiforme gauche, siège des lésions de l'alexie pure, une province du système visuel spécialisée dans le QUOI, la reconnaissance des objets. Mettons donc des sujets bien portants dans une machine d'IRM fonctionnelle ou de TEP, et faisons-leur lire des mots. On observe alors tout un réseau d'activations, distribuées dans les lobes temporaux, pariétaux, frontaux, avec naturellement une large prédominance de l'hémisphère gauche (Figure 26, voir hors-texte). Dans ce réseau, il est assez facile de repérer un foyer qui pourrait être *a priori* un bon candidat pour le rôle de la forme visuelle du mot. Il se trouve bien dans la région fusiforme, et de façon exclusive ou très prédominante dans l'hémisphère gauche. De plus, chez tous les sujets que nous avons eu l'occasion de tester, nous avons vu ce petit foyer d'activation en une position remarquablement constante d'un individu à l'autre, à peu près à mi-chemin entre l'arrière et l'avant du gyrus fusiforme, dans le sillon qui borde celui-ci.

Petite remarque cartographique : pour indiquer où se trouve notre maison de campagne, nous pouvons dire qu'elle n'est pas très loin à droite en sortant du village de A... Nous pouvons aussi donner la longitude (par rapport au méridien de Greenwich) et la latitude (par rapport à l'équateur). Le chemin ne sera peut-être pas facile à trouver mais au moins n'y aura-t-il aucune ambiguïté sur l'emplacement précis. Les géographes du cerveau disposent d'un système de coordonnées du même genre, qui porte le nom de Talairach, l'un de ses créateurs. Plutôt que dire « le foyer fusiforme gauche se trouve ici ou là par rapport à tel sillon », je peux dire qu'il se trouve, en moyenne, aux coordonnées $x = -45$, $y = -60$, et $z = -10$, où ces 3 chiffres donnent la position dans les sens droite-gauche, avant-arrière, et haut-bas, par rapport à un point de référence conventionnel. De fait, notre foyer ne s'écarte jamais de plus de quelques millimètres de ces coordonnées.

Le plus difficile reste à faire. Nous avons un candidat plausible, mais qu'est-ce qui nous prouve que c'est ce qui définit l'essence même de la forme visuelle du mot, c'est d'une part son caractère essentiellement visuel et d'autre part son invariance.

Voyons tout d'abord ce qu'il en est du caractère visuel. L'appartenance de cette région au système visuel apparaît bien dans le cas de l'alexie pure : la reconnaissance des mots est impossible, mais uniquement quand ces mots sont écrits, les patients reconnaissant ceux qu'ils entendent d'une façon tout à fait normale. Nous avons mené une expérience d'IRM fonctionnelle destinée à déterminer si notre région candidate était spécifique ou pas à la modalité visuelle[4]. Nous avons donc présenté des listes de mots, certains par écrit et d'autres auditivement, dans un ordre aléatoire. La tâche des sujets était simplement d'appuyer sur un bouton si le même mot leur était présenté deux fois de suite. La région critique s'activait fortement pour les mots vus, mais nullement pour les mots entendus, ce qui faisait bien notre affaire. Toutefois, pour être parfaitement honnête, la situation n'est pas aussi claire qu'il y paraît. En effet, plusieurs études déjà publiées montrent des activations de cette région lorsqu'on présente à des sujets des mots entendus... Notre hypothèse actuelle est que si la région de la forme visuelle est nécessaire à la reconnaissance des mots écrits mais nullement à celle des mots parlés, cela ne garantit pas qu'elle ne s'active pas quand même lorsqu'on entend des mots. Si l'on nous fait par exemple entendre le mot « chapeau » et qu'on nous demande de dire si ce mot contient une lettre avec une hampe qui monte au-dessus du niveau de la ligne (en l'occurrence, il y en a une, le h), nous allons sans doute former une image mentale de ce mot, le voir dans notre tête, et répondre sur la base de cette image. Il est plausible (quoique pas vraiment démontré à ce jour) que penser aux lettres d'un mot suffise à activer la région de la forme visuelle, tout comme elle s'active lorsqu'on perçoit effectivement des mots. Nous avons vu des exemples de cette quasi-équivalence entre perception et imagination visuelle.

Grand « A » et petit « a »

Notre région candidate semble donc bien impliquée dans la perception des mots écrits. Mais il reste du chemin à parcourir pour montrer qu'elle héberge cette entité abstraite, la forme visuelle des mots. Rappelons qu'il s'agit d'une représentation des lettres de l'alphabet indépendante de la taille, de la couleur, de l'emplacement où le mot est écrit sur la feuille de papier, et même du type de caractères utilisés. Notre région devrait donc elle-même s'activer d'une façon… indépendante de la taille, de la couleur, de l'emplacement où le mot est écrit sur la feuille de papier, et même du type de caractères utilisés. Penchons-nous plus en détail sur les deux derniers points : l'emplacement et le type de caractères.

Comment fait-on en pratique pour montrer un mot ou une image dans une moitié seulement du champ visuel ? Si je me contente de vous mettre sous les yeux une feuille de papier avec une petite croix au milieu et un mot écrit d'un côté ou de l'autre de la croix, et que je vous demande de fixer la croix, rien ne va me garantir que votre regard n'est pas allé se promener de-ci de-là, faisant tomber le mot dans n'importe quelle partie du champ visuel. Pour s'assurer que le mot n'est entré que dans la partie souhaitée du champ visuel, il faut recourir à un petit artifice technique. Je vous place devant un écran d'ordinateur. Une croix apparaît au centre de l'écran. Je vous demande de fixer cette croix. Quand votre regard est bien au milieu, un mot apparaît d'un côté ou de l'autre de la croix, mais ne reste visible que pendant environ 1/10e de seconde, puis disparaît. Si vous essayez de tourner votre regard vers le mot, pour le voir bien en face, le mot aura disparu avant même que votre regard ne se soit reposé sur lui. Ainsi, je suis sûr que le mot ne sera entré dans votre cerveau que par la partie du champ visuel où je vous l'ai fait voir.

Nous avons donc demandé à des étudiants en médecine de lire des mots que nous leur présentions sur un écran, soit dans la moitié droite soit dans la moitié gauche de leur champ visuel, tandis que nous mesurions grâce à l'IRM fonctionnelle quelles étaient les régions de leur cortex activées par cette tâche[3]. En analysant les résultats, nous avons sélectionné les régions cérébrales s'activant de *façon identique*, que les mots soient présentés à droite ou à gauche. Notre raisonnement était que le système de la forme visuelle du mot devait, par définition, faire partie de ces régions dont l'activation est invariante pour les changements de position. Par bonheur, notre foyer fusiforme gauche apparaît en bonne place parmi ces régions d'activation invariante pour la position.

Nous avons aussi inspecté les activations qui ne sont pas invariantes pour la position spatiale, c'est-à-dire celles qui se produisent *seulement* pour les mots présentés à droite, ou *seulement* pour les mots présentés à gauche. Les gyrus fusiformes étaient à nouveau activés, mais nettement plus en arrière que la forme visuelle du mot. Ces activations se produisaient dans l'hémisphère droit pour les mots présentés à gauche, et inversement. Elles occupaient l'emplacement qu'on pense être celui de V4 et correspondaient sans doute à une analyse perceptive réalisée par chaque hémisphère pour le compte de la moitié opposée du champ visuel. De tout cela résulte un petit scénario résumé dans la figure 27 (voir hors-texte). Quand un mot est présenté à droite, il arrive dans les aires visuelles de bas niveau de l'hémisphère gauche (V4 notamment), responsables de l'analyse perceptive, puis il est transféré à la région de la forme visuelle du mot, d'où il est expédié vers les régions du langage (gyrus angulaire et autres), à la face latérale de l'hémisphère. Quand un mot est présenté à gauche, il arrive aux aires perceptives de l'hémisphère droit, puis rejoint la forme visuelle du mot et le circuit commun de la lecture *via* le corps calleux. Notons que, de ce fait, si l'on détruit la région de la forme visuelle du mot, la lecture devient impossible dans l'ensemble du champ visuel, et c'est bien ce qui se passe dans l'alexie pure.

La première épreuve est donc brillamment passée : notre région candidate s'active d'une manière invariante pour la position. Mais l'examen n'est pas terminé...

Dans une expérience récente, l'équipe de Stanislas Dehaene a abordé un aspect crucial de l'invariance de la forme visuelle des mots : l'invariance pour le type de caractères[5]. La question était de savoir si, dans la région qui nous intéresse, un mot imprimé en majuscules (« RADIO ») est représenté de façon identique au même mot imprimé en minuscules (« radio »). Répondre à cette question est plus délicat qu'il n'y paraît. En effet, il ne suffit pas de présenter des mots en majuscules, puis des mots en minuscules, et de constater que dans les deux cas la région s'active. Cela, n'importe quelle région visuelle le ferait, y compris V1, qui s'active dès qu'il y a quelque chose à voir... Le propre de la forme visuelle du mot n'est pas simplement de savoir que « A » et « a » sont des lettres, mais aussi de savoir que « A » et « a » sont une seule et même lettre. Comment le montrer ?

Une suite de mots est présentée aux sujets sur un écran. Chaque mot cible reste affiché pendant une demi-seconde, et les sujets doivent décider si c'est le nom d'un objet manufacturé (couteau, savon, radio...), ou d'un objet naturel (pomme, soleil...). Ils répondent en appuyant le plus rapidement possible sur l'un des deux boutons placés devant eux. Mais ce n'est que la partie visible de l'expérience. En effet, 30 millisecondes avant chaque mot cible, un autre mot est présenté sur l'écran de façon subliminale : il n'est affiché que très brièvement et pris en sandwich entre deux écrans pleins de gribouillages sans signification. Le résultat en est que les sujets n'ont aucune conscience d'avoir vu ce mot amorce, qui précède le mot cible. Et pourtant, on peut montrer que le mot amorce, quoique inconscient, influence la reconnaissance du mot cible qui le suit. En effet, quand l'amorce et la cible sont un seul et même mot, la réponse au mot cible est plus rapide que quand il s'agit de mots différents. Par exemple, les sujets vont plus vite pour décider que « RADIO » est un objet manufacturé si le mot « RADIO » qu'ils voient a été précédé du mot « RADIO » subliminal, que s'il a été précédé par le mot « TABLEAU ». Quel rapport avec notre forme visuelle du mot ? Nous y venons. Il se trouve que la facilitation de la réponse à la cible « RADIO » quand le même mot est présenté comme amorce est identique que l'amorce soit en majuscules comme la cible (RADIO facilite RADIO), ou que l'amorce soit en minuscules (radio facilite RADIO). Autrement dit, l'effet de facilitation est insensible au changement de caractères. Point n'est besoin que le sujet voie deux fois de suite les mêmes traits sur l'écran pour qu'il y ait une facilitation. Ce qui importe, c'est que ces traits correspondent deux fois de suite aux mêmes lettres abstraites.

L'étape suivante consiste à trouver la ou les régions cérébrales qui produisent cet effet de facilitation. Prenons un neurone inféro-temporal de singe comme ceux décrits par Tanaka et dont nous surveillons le comportement au moyen d'une fine électrode qui y est fichée. Imaginons qu'il réagisse de préférence à une forme d'étoile. Que se passe-t-il si nous présentons au singe une image d'étoile deux fois de suite ? Le neurone que nous surveillons va réagir vivement à la première étoile mais un peu moins à la seconde : on dit qu'il « s'habitue[6] ». On retrouve un phénomène d'habituation un peu analogue, à une tout autre échelle, quand on considère non pas un neurone individuel mais toute une région cérébrale. Il arrive en effet qu'une région s'active plus faiblement la seconde fois qu'on présente un stimulus donné que la première. Reformulons les choses un peu différemment : si l'on observe dans une région donnée une moindre activation à la seconde présentation d'un stimulus qu'à la première, cela veut dire que cette région s'est aperçue qu'il y avait répétition, elle s'est aperçue qu'on lui montrait deux fois la même chose. On peut donc utiliser ce phénomène de « suppression à la répétition » pour savoir précisément ce que veut dire « la même chose » pour une région cérébrale donnée. Et nous voici ramenés au problème qui nous occupe. Imaginons une région cérébrale qui s'active lorsqu'on voit des mots. Elle s'activera par exemple en voyant le mot « RADIO » imprimé en majuscules. Si l'activation est moindre lorsque ce mot a été précédé du même mot « radio » mais en minuscules, cela veut dire que, *pour cette région cérébrale,* « radio » et « RADIO » sont une seule et même chose. Cette région représente les mots sous une forme qui est invariante pour les changements de caractères.

C'est exactement ce qui fut fait dans l'étude dont nous parlions au début de ce chapitre[5]. On se souvient que la répétition du même mot, même en caractères différents, facilitait la réponse des sujets. Pour chercher la contrepartie de cette facilitation en termes d'activations cérébrales, il ne restait qu'à trouver les régions montrant une habituation (c'est-à-dire une moindre activation) lors de la répétition du même mot, même en caractères différents. Or, il se trouve qu'il n'y a qu'une seule région cérébrale qui montre un tel effet d'habituation... la région de la forme visuelle du mot ! La morale de cette élégante démonstration est donc que, dans notre région de prédilection, les mots sont bien représentés sous une forme abstraite, indépendante de la forme des caractères employés.

Revenons un instant à l'alexie pure. Un patient étudié par Michele Miozzo et Alfonso Caramazza, et son cas n'est pas isolé, était capable de faire le tri entre, d'une part, de vraies lettres et, d'autre part, des formes géométriques comparables mais ne formant pas de vraies lettres[7]. Il était aussi capable de savoir qu'un R dans son orientation normale est une vraie lettre mais qu'un R pivoté de 90 degrés n'est pas une lettre normale. Et pourtant, il ne savait plus quelle majuscule correspondait à quelle minuscule. Il répondait au hasard quand on lui demandait de décider si les deux éléments de paires comme « r » et « R » ou « a » et « B » correspondaient à une seule et même lettre. Ce déficit s'explique très naturellement par une destruction de la forme visuelle du mot qui établit justement le lien entre les formes diverses d'une même lettre abstraite.

Apprentissage et dyslexie

Notons que ce lien qu'établit la forme visuelle du mot entre un « a » et un « A » est le résultat de l'apprentissage d'un alphabet bien particulier. C'est un lien arbitraire, établi en apprenant à lire à l'école. À la naissance, le cortex possède déjà une organisation, qui permet aux nouveau-nés de voir avec leur cortex visuel, d'entendre avec leur cortex auditif, de bouger avec leur cortex moteur, etc. Mais en même temps, le cerveau possède une grande plasticité qui lui permettra, par exemple, d'apprendre une langue plutôt qu'une autre selon l'environnement dans lequel il est plongé, ou d'apprendre un système alphabétique plutôt qu'un autre. La forme visuelle du mot a donc incorporé au cours de l'apprentissage l'équivalence entre les différentes formes que peuvent prendre les lettres. Mais il semble aussi que d'autres caractéristiques du système d'écriture aient été inscrites dans les propriétés fonctionnelles de cette région. Ainsi, des chaînes de consonnes imprononçables (comme FRDTJLP) activent certes la région de la forme visuelle, mais plus faiblement que de vrais mots, comme si cette région avait appris que certaines suites de lettres ne peuvent en aucun cas être des combinaisons attestées dans le système d'écriture qui a été appris[3]. Le problème avec ces chaînes de consonnes n'est pas que ce sont des mots qui n'existent pas, des mots que les sujets n'ont jamais vus. Si l'activation qu'ils entraînent est faible, c'est parce qu'en vertu des règles orthographiques du français, ces chaînes de lettres ne pourraient en aucun cas être des mots car elles violent toutes les règles de combinaisons de lettres. Preuve en est que des pseudo-mots comme « PIROUFAL », qui certes ne sont pas de vrais mots mais qui pourraient fort bien l'être, activent la forme visuelle d'une façon au moins aussi intense que les vrais mots[4].

L'effet de l'éducation de la région de la forme visuelle au cours de l'apprentissage de la lecture apparaît en négatif chez les dyslexiques. Leur pathologie est maintenant reconnue comme un trouble organique qui n'est explicable ni par un déficit intellectuel général, ni par des conflits familiaux, ni bien sûr par un défaut d'instruction. Les mécanismes en cause ne sont sans doute pas les mêmes chez tous les dyslexiques[8]. Une des hypothèses les plus intéressantes en est que les dyslexiques (certains au moins) auraient des troubles subtils de la perception auditive, responsables de difficultés à couper la parole en fines tranches. Pour apprendre à lire, il faut en effet établir une correspondance entre d'une part les lettres, et d'autre part de petits morceaux de parole, les phonèmes. Le mot « chapeau » comporte 4 phonèmes, 4 sons élémentaires successifs ch + a + p + o. L'apprentissage de la lecture demande donc une collaboration étroite entre le système visuel et les systèmes qui analysent le langage parlé. Si l'on n'arrive pas à prendre conscience de ce découpage des sons, on ne pourra pas apprendre à associer ces sons avec les lettres de façon normale, et donc à lire. Naturellement, l'imagerie fonctionnelle s'est attelée à l'étude de la dyslexie. Or la principale des régions qui semble fonctionner de façon nettement anormale chez les dyslexiques est… notre région de la forme visuelle du mot[9]. Mais attention ! le fait que cette région s'active trop faiblement au cours de la lecture chez des dyslexiques ne signifie en rien qu'elle soit *à l'origine* de la dyslexie. Tout au plus peut-on penser qu'au cours de l'apprentissage de la lecture, il y a des interactions anormales du système visuel avec la machinerie du langage. De ce fait, cette région n'a pas pu développer les réglages subtils et spécifiques qui la caractérisent chez un lecteur expert. Dans une étude récente, Elise Temple a d'ailleurs montré qu'à la suite d'une rééducation appropriée, les performances d'enfants dyslexiques s'améliorent, et l'activité de leur gyrus fusiforme gauche augmente[10].

Le temps

Le scénario résumé dans la figure 27 (voir hors-texte) est plausible, d'une simplicité séduisante, mais il reste encore flou par bien des aspects. Il y a en particulier un gros problème de chronologie. Ce que l'IRM fonctionnelle nous dit, c'est qu'un certain nombre de régions s'activent au cours de la lecture (V4, la forme visuelle du mot…), mais elle ne nous dit absolument pas dans quel ordre. Par exemple, j'ai *supposé* que V4 s'allume avant la forme visuelle du mot, mais pour l'instant rien ne me le prouve. Les flèches de cette figure 27 sont tout à fait hypothétiques.

C'est pour cela que nous avons intégré à l'étude décrite tout à l'heure l'enregistrement de potentiels évoqués de haute densité[11]. Nous espérions que chaque méthode apporterait ce qu'elle a d'unique : résolution spatiale pour l'une, résolution temporelle pour l'autre. Nous avons placé sur la tête de nos sujets une sorte de filet élastique maintenant en place pas moins de 128 électrodes, chacune constituée d'unc tige d'argent prolongée d'une petite éponge mouillée placée au contact de la peau. Nous avons alors demandé aux sujets coiffés de ce chapeau électrique de réaliser la même tâche qu'auparavant : lire dans leur tête des mots présentés brièvement dans la moitié droite ou la moitié gauche de leur champ visuel. En fait, certains des stimuli étaient de vrais mots, d'autres étaient des suites illisibles de consonnes, comme GTSPK ou FTSZQC.

Nous avons tout d'abord observé qu'une onde négative survenait environ 150 ms après la présentation d'un stimulus, sur l'arrière de l'hémisphère droit quand les mots étaient présentés à gauche et sur l'arrière de l'hémisphère gauche quand les mots étaient présentés à droite. Cette onde correspond probablement à une analyse perceptive assez précoce, comme celle que fait la région V4. À ce moment, les ondes évoquées par de vrais mots et par des chaînes de consonnes sont absolument identiques. Ce n'est pas étonnant : d'un point de vue purement visuel, rien ne les distingue. C'est ensuite que se passent les choses les plus intéressantes. Environ 200 ms après la présentation d'un stimulus, soit 50 ms après l'étape précédente, le tableau change du tout au tout. Nous voyons, en regard d'électrodes temporales gauches, et gauches seulement, une onde négative qui est identique, que les mots aient été présentés d'un côté ou de l'autre. En d'autres termes, cette onde est invariante pour la position spatiale, invariante comme l'était le foyer observé en IRM à la fameuse position x = – 45, y = – 60, et z = – 10, invariante... comme l'est par définition la forme visuelle du mot. Ce n'est que plus tard encore, au-delà de 200 ms, qu'on voit émerger sur les électrodes hémisphériques gauches une différence entre mots réels et paquets de consonnes. À partir de ce moment, le mot est sorti du domaine de la vision et entré dans celui du langage : son sens, sa prononciation deviennent accessibles, alors que le paquet de consonnes reste irréductiblement opaque.

Nous pensons avoir observé la signature électrique de l'allumage de la forme visuelle à un instant précis au cours de la lecture d'un mot. Comme d'habitude, un résultat gagne beaucoup à être confirmé par d'autres méthodes et d'autres équipes. La mise en jeu de cette région précise entre 150 et 200 ms après la présentation d'un mot a été observée de façon répétée par une équipe finlandaise au moyen de la magnéto-encéphalographie[12], et plus directement encore grâce à des électrodes implantées dans le cerveau de patients[13].

En résumé, nous avons pu voir assez directement, dans le temps et dans l'espace cortical, l'activation d'une région fusiforme gauche, la localisation est compatible avec les lésions de l'alexie pure et qui semble être un bon candidat au rôle de système de la forme visuelle du mot.

Pourquoi là ?

La région de la forme visuelle est donc une zone du cortex visuel qui a acquis un rôle central dans la lecture, et appris différentes caractéristiques du système de notation auquel elle a été exposée. Mais pourquoi donc est-ce cette région plutôt qu'une autre qui a acquis cette fonction ? En effet, il est évident que la toute-puissante sélection naturelle ne nous a pas dotés de systèmes cérébraux consacrés à la lecture clés en mains à la naissance. L'écriture a été inventée il y a cinq mille ans par de sagaces Levantins à Sumer et en Égypte, et avant cette époque aucun de nos ancêtres ne savait lire, bien que leur cerveau fût

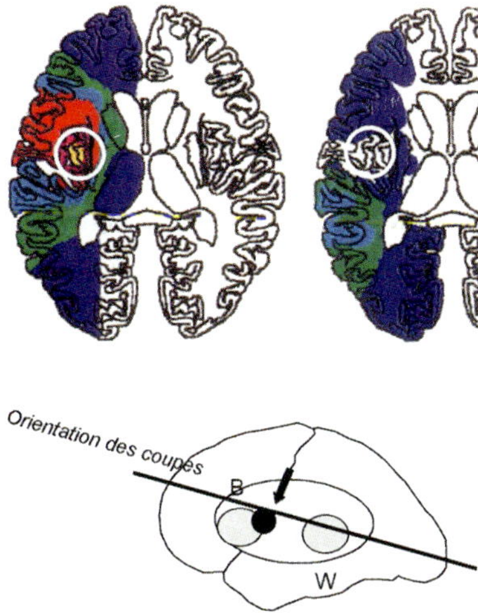

FIGURE 7 – *Grâce à une méthode classique de corrélations anatomo-cliniques, N. Dronkers a identifié en 1996 une région du cortex de l'insula cruciale pour la programmation de la parole. Cette région était lésée chez 100 % des patients anarthriques (coupe de gauche), et intacte chez 100 % de ceux qui ne l'étaient pas (coupe de droite). Dronkers N. F., « A new region for coodinating speech articulation »,* Nature, *1996, 384 : 159-161.*

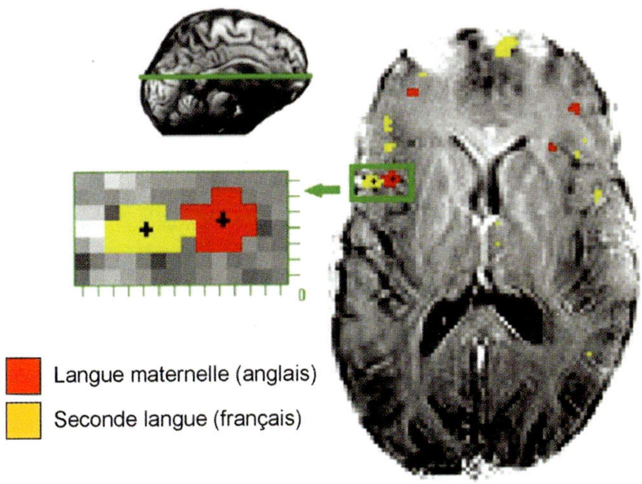

FIGURE 8 – *Chez ce sujet bilingue, on distingue au sein de la région de Broca des pics d'activation qui sont distants de quelques millimètres selon qu'il racontait sa journée de la veille dans sa langue maternelle ou dans une langue apprise plus tard. Kim K. H., Relkin N. R., Lee K. M., Hirch J., « Distinct cortical areas associated with native and second languages »,* Nature, *1997, 388 : 171-4.*

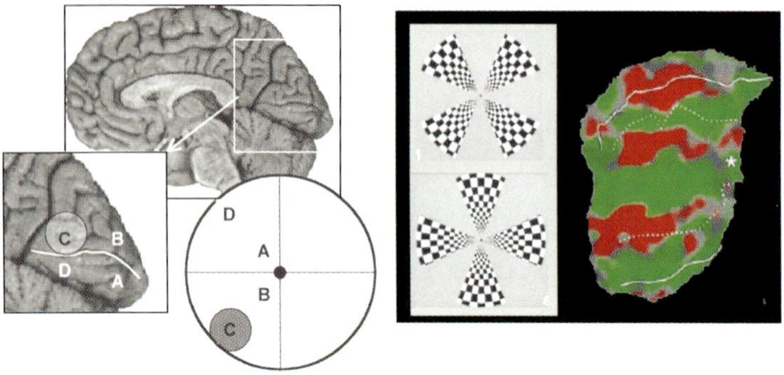

FIGURE 11 – *L'aire visuelle primaire est une carte de l'espace visuel. Une lésion située en haut et en avant dans cette aire (C), dans l'hémisphère droit entraînera une zone aveugle en bas à gauche dans le champ visuel des deux yeux. La vision d'ailes de moulin obliques ou droites active respectivement les bandes de cortex rouges et vertes. Tootell R., Hadjikhani N., Vanduffel W., Liu A., Mendola J., Sereno M* et al., *« Functional analysis of primary visula cortex (1) in humans »,* Proceedings of the National Academy of Sciences of America, *1998, 95 : 811-817.*

FIGURE 16 – *Différents secteurs du cortex inféro-temporal ont une préférence relative pour différents types d'objets, notamment les visages (FFA) ou les lieux (PPA). Tong F., Nakayama K., Vaughan J. T., Kanwisher N., « Binocular rivalry and visual awareness in human extrastriate cortex »,* Neuron, *1998 ; 21 : 753-759.*

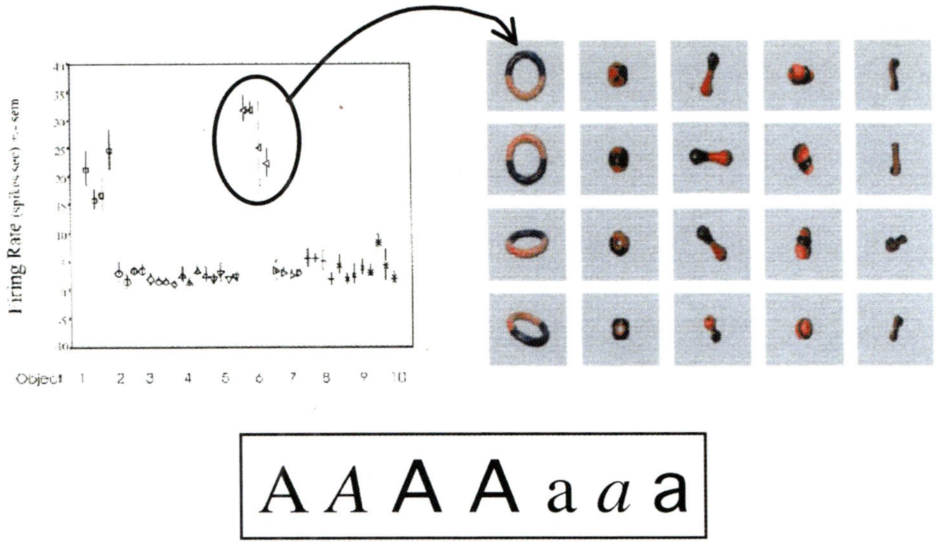

FIGURE 15 – *Certains neurones inféro-temporaux peuvent acquérir une préférence pour un objet donné (par exemple un anneau) et conserver cette préférence malgré des changements d'angle de vue, de distance, d'éclairage, etc. (Booth et Rolls, 1998). De même le système visuel doit apprendre à reconnaître les lettres malgré la variété de leur aspect. Booth M. C., Rolls E. T., « View-invariant representations of familiar object by neurons in the inferior temporal visual cortex »,* Cerebral Cortex, *1998, 8 : 510-23.*

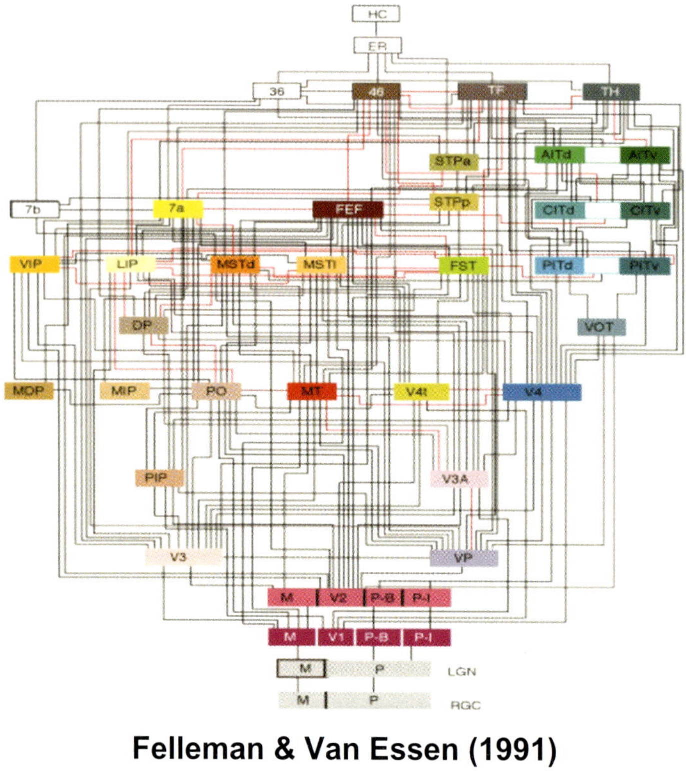

FIGURE 18 – *Aspect touffu de la multiplicité des aires visuelles et de leurs connexions. Les choses ont évidemment empiré au cours des 12 dernières années. Felleman D. J., Van Essen, D. C., « Distributed hierarchical processing in the primate cerebral cortex »,* Cerebral Cortex, *1991, 1 : 1-47.*

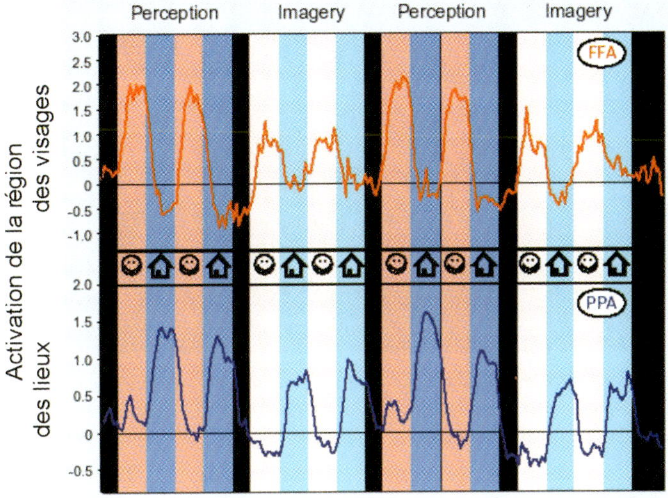

FIGURE 19 – *Selon que les sujets voient des visages ou des maisons, c'est la région spécialisée pour l'une ou l'autre de ces deux catégories d'objets qui s'active. Le phénomène est exactement le même quand les sujets, au lieu de les voir, imaginent les visages ou les maisons. O'Craven K. M., Kanwisher N., « Mental imagery of faces and places activates corresponding stimulus-specific brain regions »,* Journal of Cognitive Neuroscience, *2000, 12 : 1013-23.*

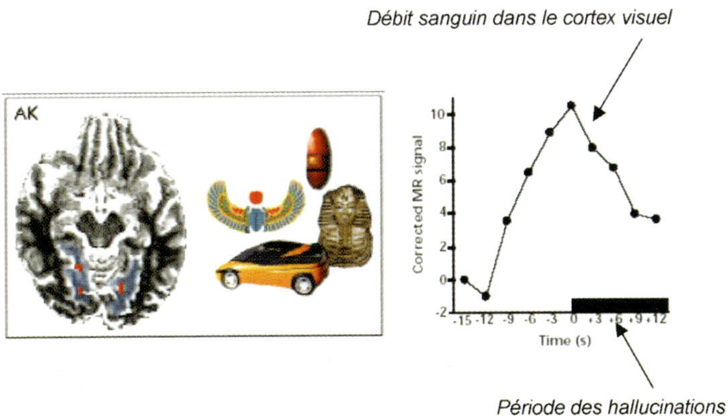

FIGURE 21 – *Chez ce patient souffrant du syndrome de Charles Bonnet, les hallucinations étaient annoncées et accompagnées par une augmentation du débit sanguin dans le cortex inféro-temporal. Les activations de V4 étaient associées aux hallucinations colorées plutôt qu'à celles en noir et blanc. Ffytche D. H., Howard R. J., Brammer M. J., David A., Woodruff P., William S. « The anatomy of conscious vision : an fRmi study of visual hallucinations »,* Nature Neuroscience, *1998, 1 : 738-742.*

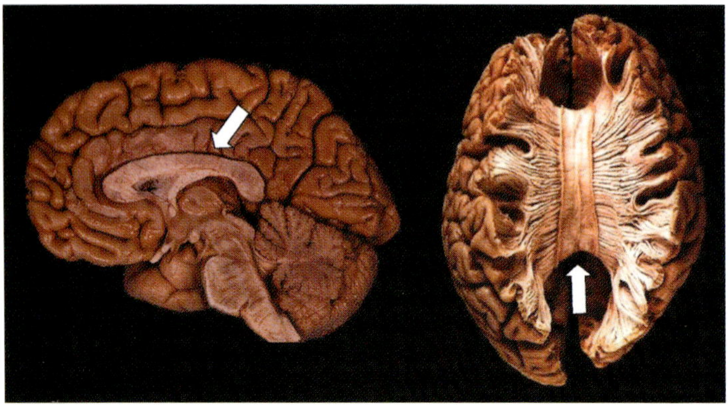

FIGURE 22 – *Le corps calleux est la principale voie de communication entre les hémisphères. Pour l'essentiel, il établit un pont entre les régions homologues des hémisphères droit et gauche.*

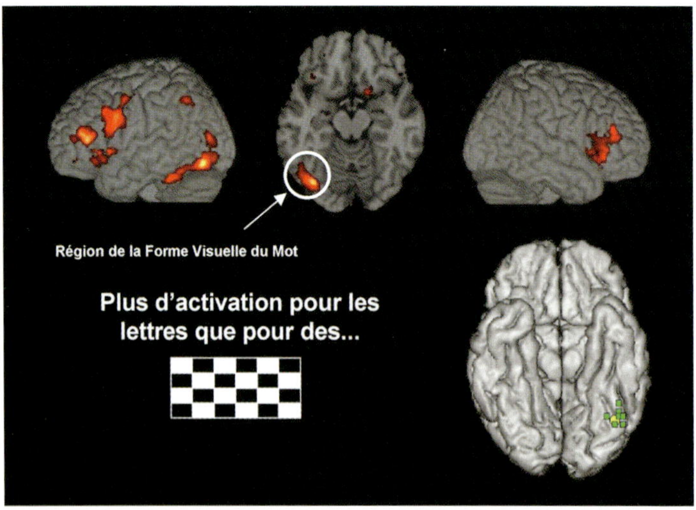

FIGURE 26 – *Tout un réseau de régions corticales est activé plus fortement pendant la lecture que lorsqu'on regarde des damiers. Une de ces régions, dans le dessous du lobe temporal gauche, pourrait être le siège de la « Forme Visuelle du Mot ». D'un individu à l'autre, la position de cette activation ne varie que de quelques millimètres (points verts).*

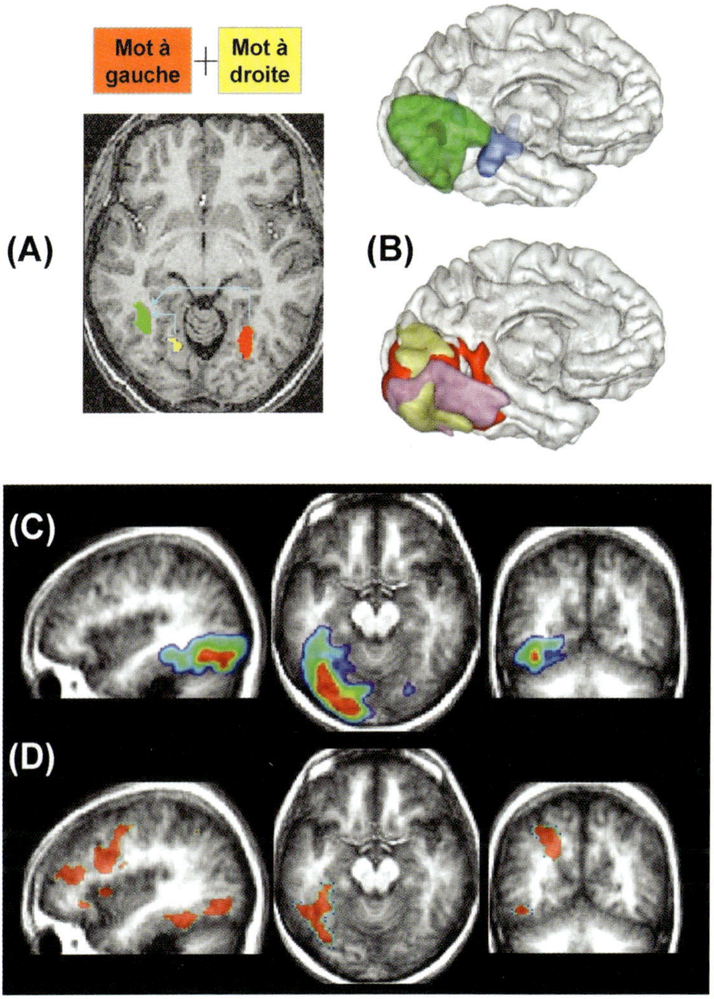

FIGURE 27 – *Où qu'ils soient présentés dans le champ visuel, les mots convergent vers la région de la Forme Visuelle du Mot, d'où ils sont envoyés vers les régions du langage (A). Chez des patients présentant de lésions occipito-temporales gauches (B), seuls ceux dont la région de la Forme Visuelle du Mot est détruite souffrent d'une alexie pure. Il y a recouvrement entre la zone lésée en cas d'alexie pure (C) et l'activation de la région de la Forme Visuelle du Mot chez des sujets normaux. Cohen L., Martinaud O., Lemer C., Leh Ricy S., Samson Y., Obadia M.* et al., « *Visual word recognition in the left and right hemispheres : Anatomical and functional correlates of peripheral alexias* », Cerebral Cortex, *2003.*

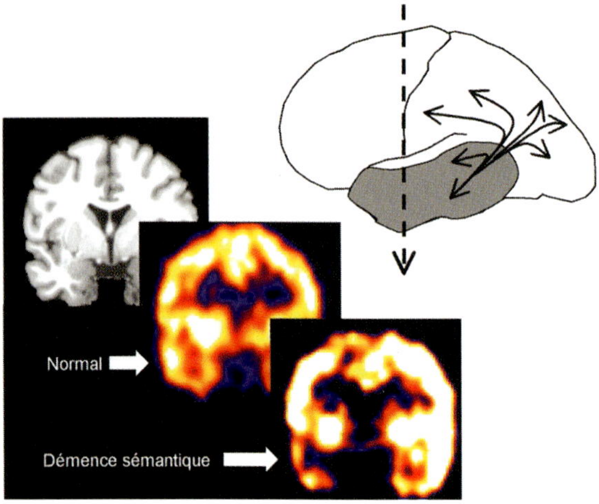

FIGURE 32 – *Les lobes temporaux jouent un rôle essentiel dans la connaissance du sens des choses, et dans le lien entre le sens et les mots, notamment en liant entre elles des informations dispersées dans le cerveau. Dans ce cas de démence sémantique, on voit une atrophie du lobe temporal gauche sur une coupe de scintigraphie cérébrale.*

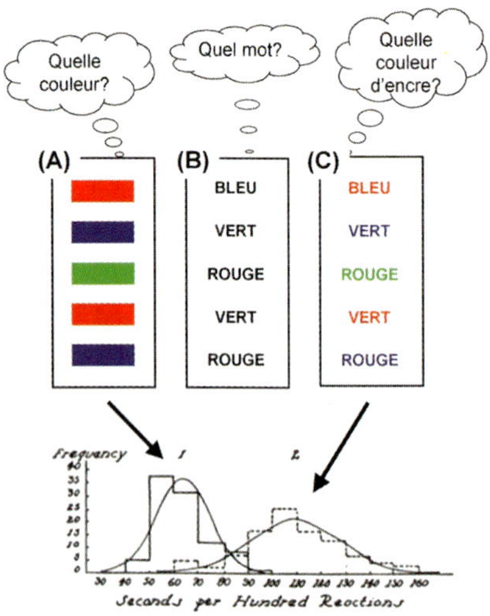

FIGURE 39 – *Le test de Stroop. La tâche C est beaucoup plus difficile que les tâches A et B. Elle demande à ce que le cortex préfrontal inhibe la réponse automatique prépondérante (lire le mot) afin d'obéir à une consigne qui n'est pas familière (nommer la couleur de l'encre). Les courbes représentent les temps de réponse, plus lents pour C que pour A, mesurés par J. R. Stroop en 1935.*

en tout point identique au nôtre, à la naissance au moins. La région qui deviendra celle de la forme visuelle des mots n'a donc pas à la naissance de prédisposition *spécifique* à devenir le pivot de la lecture. Pourtant, le fait que la localisation des activations est identique d'un individu à l'autre à quelques millimètres près suggère que cette région possède de façon innée des propriétés bien particulières qui sont à l'origine de sa spécialisation ultérieure dans la lecture. Personne ne sait réellement quelles sont ces propriétés initiales, mais il existe quelques indications intéressantes.

Ce que nous savons des propriétés de la région inféro-temporale chez le singe fait très bien l'affaire. Soulignons trois points. Premièrement, comme nous l'avons vu, des neurones répondent de façon sélective à des formes ressemblant fort à un T, un E, un O, etc. Voilà qui conviendrait bien au codage des lettres. Deuxièmement, nous avons aussi vu que des neurones de ce genre, codant chacun pour une forme simple donnée, peuvent s'activer ensemble pour coder des formes plus complexes. Et si nous trouvions la source du codage des mots, par l'activation conjointe de neurones spécialisés dans les différentes lettres qui les composent ? Troisièmement, un même neurone peut apprendre à répondre à deux formes très différentes pour peu qu'elles soient associées au cours de l'apprentissage[14]. Un phénomène de ce type pourrait être à l'origine de l'invariance pour le type de caractère : un « a » et un « A » sont des formes différentes, mais qui représentent une même entité, la lettre abstraite A. Le cortex inféro-temporal semble donc avoir, et cela depuis un lointain passé phylogénétique, d'excellentes prédispositions à l'apprentissage de la lecture. Évidemment, les macaques ne possèdent pas de langage au sens humain, et n'ont donc pas lieu d'apprendre à lire…

Mais que savons-nous *chez l'homme* des propriétés de la région précise qui hébergera la forme visuelle ? Des travaux en

IRM fonctionnelle[15] ont montré que la région de la forme visuelle des mots se situe à l'intersection de deux grandes bandes de cortex. La première réagit de façon préférentielle à des images placées juste au centre du champ visuel, qui est la zone où la perception visuelle est la plus fine. Elle inclut la région de la forme visuelle du mot, mais aussi la région analogue spécialisée dans la perception des visages. Elle se distingue de régions qui réagissent plus fortement à des images étendues dans la périphérie du champ visuel, comme des images de bâtiments. La seconde bande dans laquelle tombe la région de la forme visuelle du mot, grossièrement perpendiculaire à la précédente, est particulièrement sensible aux détails de la forme des objets plutôt qu'à leur configuration d'ensemble. Or ce sont bien des détails locaux qui distinguent une lettre d'une autre. On peut donc imaginer qu'avant même l'apprentissage de la lecture, la région de la forme visuelle du mot présente une combinaison particulière de préférences perceptives qui la rend particulièrement propre à la représentation de suites de lettres.

Cette hypothèse en termes de préférences perceptives explique-t-elle que la région de la forme visuelle du mot soit systématiquement dans l'hémisphère gauche ? En partie peut-être. Imaginez par exemple que je vous montre successivement deux images de grillage, et que je vous demande lequel des deux grillages est le plus serré. Si j'utilise des grillages très fins, vous répondrez mieux si les images sont présentées dans la moitié droite que dans la moitié gauche de votre champ visuel. Inversement, si j'utilise des grillages grossiers, vous serez meilleurs dans la moitié gauche de votre champ visuel[16]. Ce genre de données suggère que le système visuel de l'hémisphère gauche est supérieur à celui de l'hémisphère droit pour la perception des détails fins, le genre de détails qui distinguent une lettre d'une autre.

Une autre différence entre les systèmes perceptifs des deux hémisphères pourrait jouer un rôle dans la latéralisation de la forme visuelle. Nous avons vu qu'une propriété cruciale de la forme visuelle est son invariance, qui lui permet de coder de façon identique la lettre A qu'elle soit écrite A, a, A, a, ou a. Or il semble que cette faculté de s'abstraire des variations de forme des objets soit une propriété assez générale du système visuel gauche, qui s'applique *entre autres* au cas de la lecture. Par exemple, E. Darcy Burgund et Chad Marsolek ont présenté à des sujets bien portants une liste de mots (la liste n° 1), un par un, en leur demandant simplement de les lire[17]. Dans un second temps, ils leur ont présenté une autre liste de mots (la liste n° 2), dont certains faisaient partie de la liste de départ alors que d'autres étaient nouveaux. Mais cette fois, les mots étaient projetés sur un écran pendant 17 millisecondes, soit dans la moitié droite, soit dans la moitié gauche du champ visuel, soit en majuscules, soit en minuscules. Dans ces conditions difficiles, les sujets devaient essayer d'identifier les mots et de les écrire sur une feuille de papier, en majuscules ou en minuscules, selon ce qu'ils avaient vu. Si un mot était déjà présent dans la liste n° 1, il était plus facile à reconnaître lors de son apparition fugace dans la liste n° 2. Mais le point crucial est que *dans l'hémichamp visuel gauche seulement* cette facilitation était plus grande quand les mots étaient apparus deux fois dans les mêmes caractères (par exemple en majuscules deux fois), que dans des caractères différents (par exemple en majuscules dans la liste n° 1 et en minuscules dans la liste n° 2). Comment l'interpréter ? On pourrait dire que dans le système visuel droit, la trace qu'a laissée le passage d'un mot est différente selon que ce mot est écrit en majuscules ou en minuscules, et que le chemin est donc mieux préparé pour un nouveau passage de ce mot s'il utilise les mêmes caractères que la première fois. En revanche, dans le système visuel gauche, le type précis de caractères qui a été employé est oublié, seule l'identité abstraite des lettres (un A, un B...) persiste. Par conséquent, le mot de la liste n° 2 est tout autant facilité qu'il soit apparu dans la liste n° 1 dans des caractères identiques ou différents. Au risque de nous répéter : la faculté de faire abstraction de la forme exacte des lettres semble être assez spécifique au système visuel de l'hémisphère gauche. Souvenons-nous du patient alexique incapable de savoir si « r » et « R » étaient une seule et même lettre : sa lésion était naturellement à gauche, et non à droite.

La latéralisation à gauche de la forme visuelle des mots pourrait avoir d'autres explications que ces prédispositions perceptives. En particulier, on ne peut s'empêcher de faire un rapprochement avec le fait que l'essentiel du langage est hébergé par l'hémisphère gauche. Il est très plausible que le système visuel gauche puisse établir des connexions anatomiques plus directes que le système visuel droit avec les aires classiques du langage (Broca, Wernicke, gyrus angulaire, etc.). Lors de l'apprentissage de la lecture, nous apprenons justement à établir des liens étroits entre vision et langage, or les régions visuelles gauches, du fait de leur proximité étroite avec les systèmes du langage, sont en première ligne dans cet apprentissage. Si tel est le cas, on s'attendrait à ce que les gens dont le langage est globalement latéralisé à droite (15 % des gauchers et une pincée de droitiers) aient aussi leur forme visuelle à droite. Personne ne sait encore si tel est le cas...

Les origines de la forme visuelle se perdent dans le brouillard ontogénique de la petite enfance et les nuées de la phylogénie simiesque. On peut se demander à quoi sert donc, chez les adultes illettrés ou chez les petits enfants qui n'ont pas encore appris à lire, le morceau de cortex qui deviendra la région de la forme visuelle. Peut-être un aborigène illettré en a-t-il besoin pour identifier d'un coup d'œil parmi des dizaines d'espèces les empreintes laissées sur le sol par un animal ? Autant de questions ouvertes.

Lecture à droite, alexie à gauche

Supposons qu'on sectionne d'un coup de bistouri le corps calleux d'un sujet sans infliger aucun autre dégât à son cerveau. Quelle incidence ce geste aura-t-il sur ses capacités de lecture ?

On le sait déjà, l'alexie qui fait suite aux lésions du corps calleux est une variante étrange et instructive d'alexie pure elle met en valeur la circulation de l'information entre les hémisphères pendant la lecture. Les (rares) patients souffrant d'une lésion isolée du corps calleux sont alexiques, mais ils ne s'en plaignent jamais. Pourquoi ? Cette alexie est remarquable par le fait qu'elle ne touche que la moitié gauche du champ visuel. Lorsqu'un patient fixe son regard droit devant lui, et qu'on lui présente un mot sur le côté droit du point de fixation, il peut le lire sans peine. En revanche, si le mot apparaît du côté gauche, il le voit, mais est incapable de le lire. Nous avons travaillé avec une patiente, Madame V.A.R., qui se plaignait de lire un peu moins rapidement et en se fatiguant plus que d'habitude, sans plus. Ce n'est qu'en lui présentant des mots exclusivement dans l'une ou l'autre moitié du champ visuel que nous nous sommes avisés qu'elle ne pouvait lire *strictement aucun mot* présenté à gauche. Cette patiente avait été victime d'un accident vasculaire exceptionnel, qui avait détruit la moitié arrière de son corps calleux, et rien d'autre (Figure 23). Mais cela ne l'empêchait pas de lire son journal normalement : du fait du mouvement incessant des yeux sur la page, les mots ne restent jamais enfermés dans la moitié gauche du champ visuel. Dès qu'ils tombent un peu à droite du point de fixation, ils sont lus instantanément.

Attardons-nous un instant sur le cas similaire de Monsieur Y., un homme d'affaires japonais de 25 ans dont l'histoire a été relatée par Toshiaki Abe et ses collaborateurs[18]. L'entreprise au sein de laquelle Monsieur Y. travaillait ayant rencontré des difficultés financières, celui-ci résolut de se suicider. Ayant bu une grande quantité de saké, il appuya un pic à glace contre le mur et donna un grand coup de tête sur la pointe, dans l'intention de se transpercer le cerveau. Son geste accompli, il semble que Monsieur Y. s'endormit lourdement. Le lendemain, il se réveilla et se rendit à l'hôpital, à pied, le pic à glace encore planté dans le crâne, le manche dépassant du front. La figure 28 montre la radiographie impressionnante de la blessure. La pointe d'acier longue de 20 cm était passée juste entre les deux hémisphères, sans les endommager, et avait simplement embroché le corps calleux. Un examen détaillé montra que Monsieur Y. avait bien une alexie gauche : sur 32 mots écrits en caractères syllabiques japonais, il ne put en lire que 13 lorsqu'ils étaient présentés dans son champ visuel gauche, alors qu'il put en lire 32 sur 32 quand ils étaient présentés à droite.

L'alexie qui fait suite à des lésions du corps calleux s'explique simplement en se référant au schéma de Déjerine, ou à sa version mise à jour : l'information visuelle provenant de la moitié gauche du champ visuel parvient en totalité à l'hémisphère droit. En l'absence de corps calleux (ou plus précisément de la partie arrière du corps calleux), un mot présenté à gauche ne peut donc parvenir à l'hémisphère gauche et ne peut être lu. D'ailleurs, nous avons eu l'occasion de tester des patients de ce type en IRM fonctionnelle, en leur faisant lire des mots présentés à droite ou à gauche, comme d'habitude. Conformément à ce qu'on pouvait attendre, leur région de la

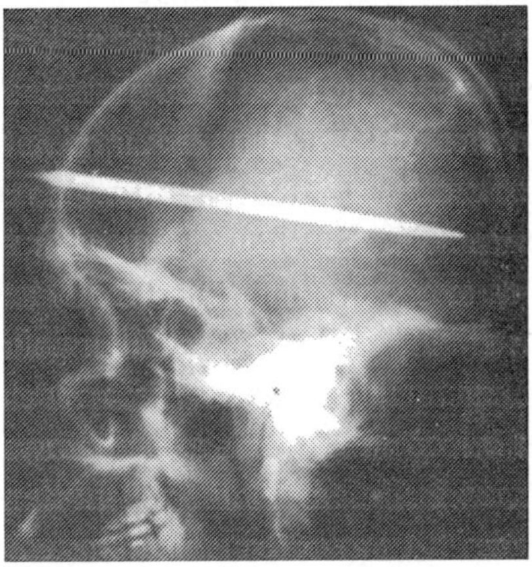

FIGURE 28 – *Radiographie de profil de la tête d'un patient qui perfora lui-même son corps calleux d'un coup de pic à glace. Le pic à glace est encore en place. Abe T.* et al., « *Partial disconnection syndrome following penetrating stab wound of the brain* », European Neurology, *1986, 25, 233-239.*

forme visuelle du mot n'était pas activée par les mots de gauche (qui n'arrivent pas à transiter par le corps calleux) alors qu'elle était normalement activée par les mots de droite[11].

Donc, l'homme-thermomètre

Nous avions décidé de nous attaquer au diagnostic de Monsieur Mathieu Z. en commençant par ses problèmes de lecture. Nous avons donc rangé ces problèmes sous l'étiquette de l'alexie pure. L'homme-thermomètre parlait, comprenait, écrivait, mais ne lisait point, sans pour autant être aveugle. Conformément à la localisation de sa lésion cérébrale, nous avons suggéré que ce handicap résultait de la destruction, dans le dessous de son lobe temporal gauche, de régions visuelles responsables d'aspects élaborés de la perception visuelle, notamment la reconnaissance de l'identité abstraite des suites de lettres, première étape de la lecture.

Mais Monsieur Mathieu Z. ne reconnaissait pas *non plus* les objets. Qu'à cela ne tienne, nous avons vu à la page 94 un cas analogue, celui du patient agnosique qui copiait les cochons sans reconnaître leur nature porcine. Admettons donc que, du fait de son étendue, la lésion de Monsieur Z. touchait non seulement la région de la forme visuelle du mot, mais des régions sœurs ou cousines nécessaires à l'identification des objets ordinaires.

Jusqu'à présent, nous n'avons exploré que les aspects négatifs du comportement de Monsieur Mathieu Z. : pourquoi ne reconnaissait-il pas les mots et les objets ? qu'avait-il perdu du fonctionnement cérébral normal ? Nous avons choisi de négliger le paradoxe central de son comportement. Certes, lorsqu'on demandait à Monsieur Z. de dénommer des objets, ses réponses tant verbales que gestuelles démontraient en général de façon concluante qu'il ne les avait pas reconnus. Le doute n'est pas permis lorsqu'il explique qu'une salière sert à mesurer les températures et montre bien que le liquide à mesurer pénètre dans le récipient par les petits trous ménagés dans le bouchon. Et pourtant, lorsque Monsieur Z. déjeune, il se sert sans erreur de sa fourchette, de son couteau... et de la salière. Selon la tâche qu'il est en train d'accomplir – agir ou dénommer –, il manifeste ou non des capacités préservées de reconnaissance visuelle. Nous allons aborder cet aspect du problème, comme dans les chapitres précédents, par le cas singulier de la lecture.

CHAPITRE 6

Lire et ne pas lire

Un lecteur qui s'ignore

L'examen d'un patient alexique peut réserver quelques surprises. Monsieur S.M.A., ancien diplomate, souffrait depuis un mois environ d'une alexie pure analogue à celle que Déjerine avait décrite. Il ne pouvait lire aucun mot, et bien peu de lettres. J'ai noté cinq mots familiers (cheval, pomme, soleil...) sur une feuille que j'ai placée devant lui. Après lui avoir indiqué qu'un de ces mots était un nom de fruit, je lui ai demandé de deviner lequel c'était, et de me le montrer. Il jeta un coup d'œil à la feuille et pointa tout de suite du doigt le mot « pomme ». Je le félicitai et lui demandai de quel fruit il s'agissait. Il se pencha alors sur la feuille, perplexe, regarda le mot « pomme » et me suggéra, incertain : « Un melon ? » Cette anecdote ne démontre rien, Monsieur S.M.A. avait une chance sur cinq de désigner le bon mot même en répondant au hasard. Il existe toutefois des données beaucoup plus robustes, variées et convergentes qui révèlent chez des patients alexiques une capacité insoupçonnée de reconnaissance des mots. On parle souvent de « lecture implicite », puisque, comme dans l'exemple de la pomme, cette capacité se manifeste dans des situations où les patients ne sont pas supposés lire à haute voix, mais expriment indirectement, et souvent inconsciemment, que le mot a été reconnu.

Comment mettre en évidence de façon objective de telles capacités de lecture implicite ? Prenons le cas de Monsieur J.W.C., un patient alexique étudié par Branch Coslett et ses collaborateurs, à Philadelphie[1]. Monsieur J.W.C. ne pouvait lire les mots qu'au prix d'un laborieux déchiffrage lettre par lettre : il lui fallait en moyenne 16 secondes pour identifier un mot de 3 lettres et 44 pour 6 ou 7 lettres ! Il affirmait que cette procédure était la seule qui lui permît de reconnaître les mots écrits. Quand un mot lui était présenté pendant une fraction de seconde, il ne pouvait, au mieux, qu'essayer de repérer au passage une ou deux lettres, ce qui ne lui suffisait bien sûr pas pour reconnaître le mot en question. Afin de mettre en évidence des capacités de lecture implicite, Coslett a soumis ce patient à une tâche dite de « décision lexicale ». Cette méthode, très abondamment utilisée chez des sujets normaux pour étudier les mécanismes de la lecture, consiste à présenter une liste dans laquelle sont mélangés de vrais mots et des non-mots (comme FTRSD ou PLIVARD) et à demander aux sujets de faire le tri. Il faut généralement appuyer sur un bouton dès qu'apparaît un vrai mot et sur un autre bouton s'il s'agit d'un non-mot. Les uns et les autres étaient présentés à Monsieur J.W.C. sur un écran d'ordinateur pendant un quart de seconde chacun. Cette durée est amplement suffisante pour qu'un lecteur bien portant reconnaisse facilement les mots et prenne la décision lexicale sans se tromper. Dans le cas de J.W.C., ce mode de présentation était évidemment beaucoup trop rapide pour qu'il puisse appliquer sa laborieuse lecture lettre par lettre. Pourtant, le tri entre mots et non-mots était en général correct. Le plus remarquable était peut-être qu'il affirmait répondre absolument au hasard et ne reconnaître aucun des mots qui lui étaient présentés. Souvent même, il disait n'avoir rien vu du tout, ou seulement un éclair lumineux. Paradoxalement, ces performances inattendues n'émergeaient qu'à condition que toute tentative de lecture à haute voix, en particulier lettre à lettre, soit exclue. Pour cela, il fallait encourager J.W.C. à deviner, à se fier à son instinct, à ne pas essayer de lire. Si les mots restaient affichés à l'écran pendant toute une seconde au lieu d'un quart de seconde, il ne pouvait s'empêcher d'essayer de les déchiffrer, et du même coup ses capacités de décision lexicale disparaissaient.

L'interprétation de ces fragiles phénomènes de lecture implicite est encore sujette à bien des débats. Mais la théorie avancée par Coslett lui-même est sans doute proche de la vérité. Chez les patients alexiques, l'hémisphère gauche n'est plus capable de reconnaître les mots écrits. Soit ! Mais il reste tout un hémisphère intact, le droit, et tout le système visuel qu'il abrite. En effet, nous nous sommes concentrés sur le système visuel de l'hémisphère gauche, au sein duquel s'est développée une certaine spécialisation pour la reconnaissance alphabétique, en particulier le système de la forme visuelle du mot. Mais il est fort possible que les régions visuelles correspondantes de l'hémisphère droit, qui perçoivent les mots aussi souvent que les régions gauches, puissent leur servir de porte d'entrée dans le cerveau, une sorte de porte de service, pas indispensable, pas très efficace, mais... utile quand la porte principale est condamnée. Naturellement, cette entrée des mots à travers le système visuel de l'hémisphère droit ne rend pas la lecture optimale, pour au moins deux raisons.

La première en est que les régions symétriques de la forme visuelle du mot n'ont pas développé la même spécialisation qu'à gauche. En IRM fonctionnelle, pendant la lecture de chaînes de lettres, on observe une certaine activation à droite, moins forte cependant qu'à gauche. Mais surtout, cette activation droite est aussi importante que l'on voie des lettres ou de simples damiers, alors que notre chère région de la forme visuelle du mot s'active bien plus pour celles-là que pour ceux-ci. Une seconde raison en est sans doute que le système visuel droit n'est pas connecté aussi directement que le gauche aux régions du langage, et n'est pas impliqué dans les fines associations entre les lettres et les sons, les lettres et les mots, qui sont développées pendant l'apprentissage de la lecture.

Mais, indépendamment de l'alexie, y a-t-il de bonnes raisons de penser que l'hémisphère droit peut jusqu'à un certain point reconnaître, voire comprendre, les mots écrits ou au moins *certains* d'entre eux ?

Deux chats pour le prix d'un

Nous avons déjà parlé du corps calleux et de son importance cruciale dans la collaboration des deux moitiés du cerveau. Nous avons vu que c'est par sa partie arrière que l'information visuelle passe d'un côté à l'autre, permettant à chaque hémisphère de percevoir ce qui se passe dans la moitié du champ visuel qui est du même côté que lui, ce qui explique qu'une lésion puisse empêcher de lire les mots ou plus généralement de nommer les objets placés dans la moitié gauche du champ visuel. C'est par leurs conséquences négatives, par les déficits qu'elles entraînent que les lésions calleuses nous ont instruits : perte de la lecture, perte de la capacité à nommer. Mais les capacités positives que ces lésions peuvent dévoiler sont aussi riches d'enseignement. C'est notamment elles qui nous ont fait comprendre certaines facultés d'un hémisphère droit isolé. Comme notre propos est de comprendre en quoi l'hémisphère droit est impliqué dans les capacités de lecture résiduelle de patients alexiques, ce point mérite quelques commentaires.

J'ai raconté page 142 l'histoire d'un homme d'affaires japonais aux hémisphères séparés par l'effet d'un pic à glace. Les lésions du corps calleux résultent en général de problèmes plus banals. Comme toute région du cerveau, il peut être endommagé par des hémorragies, des infarctus, des tumeurs, etc. Mais les plus grandes découvertes sur ses fonctions ont été faites sur des patients dont il avait été délibérément sectionné par la main d'un chirurgien. Quel était le but de cette procédure ? Une crise d'épilepsie est une sorte de décharge électrique qui part d'un point du cortex cérébral, puis se diffuse et s'étend parfois à tout le cerveau. On peut alors perdre connaissance, tomber par terre, être agité de convulsions, etc. Dans la grande majorité des cas, ces crises peuvent être évitées par la prise quotidienne de médicaments antiépileptiques qui réduisent l'hyperexcitabilité des neurones. Il existe toutefois des cas, rares, dans lesquels ces médicaments ne sont pas assez efficaces. Les crises peuvent alors se répéter jusqu'à plusieurs fois par jour. Cette situation est de moins en moins fréquente grâce à la découverte de nouveaux produits. Dans les années 1930, un certain nombre de patients souffrant d'une épilepsie sévère et rebelle aux traitements habituels ont subi une section chirurgicale du corps calleux, produisant ce qu'on appelle un *split-brain*, c'est-à-dire mot à mot « cerveau fendu ». L'idée était d'éviter que les décharges épileptiques ne se transmettent d'un hémisphère à l'autre par le corps calleux et n'embrasent tout le cerveau.

Pendant longtemps, les conséquences des sections calleuses sur le fonctionnement mental sont restées méconnues. En effet, après leur opération, les patients restaient pour l'essentiel semblables à eux-mêmes, ni paralysés, ni aphasiques, ni amnésiques, ni déments. De là à penser que le corps calleux ne servait finalement pas à grand-chose, il n'y avait qu'un pas. Cependant, à partir des années 1950, Roger Sperry (prix Nobel en 1981) s'engagea dans des recherches sur les fonctions du corps calleux chez l'animal qui lui dévoilèrent des choses surprenantes. Suivons schématiquement les étapes qu'il a parcourues. Première étape : prenez un chat et coupez son chiasma optique de sorte que l'hémisphère droit ne voie plus que par l'œil droit et l'hémisphère gauche par l'œil gauche. Ensuite, fermez un œil du chat avec un sparadrap. Apprenez-lui alors, par exemple, que s'il veut recevoir quelque chose de bon à manger, il doit appuyer sur un bouton carré, qu'il doit choisir parmi plusieurs boutons de formes variées. Quand votre chat est au point, ouvrez son œil fermé, et mettez le sparadrap sur son autre œil, celui qui était ouvert pendant l'apprentissage. Si vous re-testez alors le chat, il n'aura rien oublié de son entraînement et continuera à choisir le bon bouton. Rien de vraiment étonnant : le cerveau du chat est intact, il a tout appris de façon normale et le changement d'œil est simplement une substitution de lucarne par laquelle ce cerveau regarde le monde.

Seconde étape : prenez un autre chat, et faites-lui pire. Coupez son chiasma et en plus son corps calleux. Comme tout à l'heure, bandez-lui un œil, apprenez-lui comment mériter sa pâtée en appuyant sur le bon bouton, puis changez le bandeau de côté. Cette fois, les choses sont très différentes : il semble qu'en un clin d'œil le chat ait complètement oublié ce qu'il avait appris. Mais si on inverse à nouveau le bandeau, voilà notre chat qui se souvient parfaitement sur quel bouton appuyer ! Là encore, l'explication est simple, même si elle ouvre des horizons troublants. Pendant qu'un œil était fermé, ce n'est pas tout le cerveau mais seulement l'hémisphère « voyant » qui apprit à associer un bouton avec la nourriture. L'autre hémisphère, dont l'œil était fermé, resta totalement hors du coup : non seulement il ne voyait rien, mais il ne pouvait partager l'expérience de l'hémisphère voyant du fait de la section du corps calleux. Il est même possible d'apprendre des tâches différentes à chacun des deux hémisphères : l'un choisira le bouton carré et l'autre le bouton rond. Il suffira d'ouvrir un œil ou l'autre du chat pour passer de l'un à l'autre.

En bref, cette préparation a permis d'obtenir deux êtres largement indépendants, chacun capable d'apprendre à réaliser des tâches relativement élaborées, deux êtres logés dans la même tête de chat. Cette découverte remarquable était en apparente contradiction avec l'idée que les sections chirurgicales du corps calleux n'avaient que peu de conséquences, hormis soulager les crises d'épilepsie. À partir des années 1960, Sperry et ses étudiants, en particulier Michael Gazzaniga, ont donc entrepris d'explorer les conséquences chez l'homme de cette séparation des hémisphères, en collaboration avec Joseph Bogen, un chirurgien qui avait repris la pratique de la section calleuse. Et de fait, pour peu qu'on sache quoi chercher, on découvre un riche éventail d'anomalies, dont l'alexie et l'anomie gauches dont nous avons parlé. Mais on se trouve aussi en position de stimuler sélectivement un seul hémisphère et d'observer son comportement.

Reprenons un exemple de la page 105. On a montré à un patient *split-brain* une brosse à dents dans la moitié gauche de son champ visuel et une citrouille dans la moitié droite. Comme on le sait, le patient répond : « J'ai vu une citrouille » et ne dit pas un mot de la brosse à dents. L'hémisphère gauche sait parler, mais n'a vu que la citrouille, et l'hémisphère droit, qui a vu la brosse à dents, ne sait pas parler.

Mais au fait, comment être sûr que l'hémisphère droit a bel et bien vu la brosse à dents puisqu'il ne nous en parle pas ?

Une des manières de procéder est de placer devant le patient toute une collection d'objets variés (dont une brosse à dents), et de lui demander d'en choisir un avec sa main gauche, celle qui est pilotée par l'hémisphère droit. Cette main gauche va alors choisir la brosse à dents parmi tous les autres objets : c'est bien le signe que l'hémisphère droit a vu et reconnu la brosse, même s'il n'a pu nous le dire avec des mots. Plus spectaculaire encore : on met un marteau dans la main gauche d'un patient au corps calleux sectionné et on lui demande de dire de quoi il s'agit. Comme tout à l'heure avec la brosse à dents, il ne peut pas nommer le marteau, il dit par exemple : « C'est une épingle de nourrice. » Mais en même temps, on voit la main gauche manœuvrer l'outil comme il convient d'un marteau. Dans le même temps, l'hémisphère gauche, qui n'est pas informé, divague, et l'hémisphère droit, muet mais informé, agit correctement. Cet exemple montre que, comme chez le chat, on peut voir cohabiter et agir simultanément deux entités indépendantes, toutes deux logées dans la même tête. On remarque que l'hémisphère droit, même s'il ne verbalise pas ses pensées, est capable de reconnaître un objet (le marteau), d'évoquer et d'exécuter le geste approprié : il a accès au sens de cet objet si ce n'est à son nom.

Interrompons-nous un instant avant de retourner à la lecture implicite. L'épisode du marteau et de l'épingle de nourrice devrait rappeler quelque chose : l'homme-thermomètre, qui traitait sa fourchette de thermomètre et pourtant s'en servait sans problèmes pour manger ! Comme chez le *split-brain*, on voit cohabiter une réponse verbale aberrante avec un comportement moteur adapté. Ne pourrait-on pas expliquer ce comportement étrange en supposant que, pour une raison ou pour une autre, seul l'hémisphère droit de l'homme-thermomètre était capable de voir ou de reconnaître la fourchette, et de l'utiliser ? Si, peut-être, mais ne précipitons pas le dénouement.

Le Vicomte pourfendu et le Chevalier inexistant[2]

Ce qui précède nous a enseigné qu'un hémisphère droit tout seul est capable de reconnaître des objets qu'il perçoit, même s'il ne peut en donner le nom. Nous allons voir maintenant que cette capacité s'étend, jusqu'à un certain point, à la reconnaissance des mots écrits.

Monsieur J.W. est un des *split-brains* étudiés par Michael Gazzaniga, John Sidtis et leurs collègues[3] (Figure 29). Chez J.W., la section du corps calleux fut effectuée en deux temps : au cours d'une première opération, on sectionna la moitié arrière. Au cours d'une seconde opération, quelques semaines plus tard, on sectionna la moitié restante. Le patient put donc être testé à trois moments (avant, entre, et après les deux opérations). À chaque fois, on lui donna à lire des mots présentés soit à droite soit à gauche. Aux trois stades, les mots présentés à l'hémisphère gauche étaient lus parfaitement. Qu'en était-il des mots présentés à l'hémisphère droit ? Initialement, le patient les lisait parfaitement, comme tout un chacun. Juste après la première opération, il ne pouvait simplement plus lire les mots présentés à gauche, comme on s'y attendait. Mais au cours des dix semaines suivantes, il développa un comportement curieux. Par exemple devant le mot « chevalier », il déclara ne pas voir le mot écrit, mais avoir des images : « Deux hommes qui se battent, dans un cercle... Ils portent d'anciens uniformes et des casques... Ils sont à cheval et essaient de se renverser l'un l'autre... Des chevaliers ? » La section de l'arrière du corps calleux empêchait l'hémisphère gauche de voir le mot écrit, mais

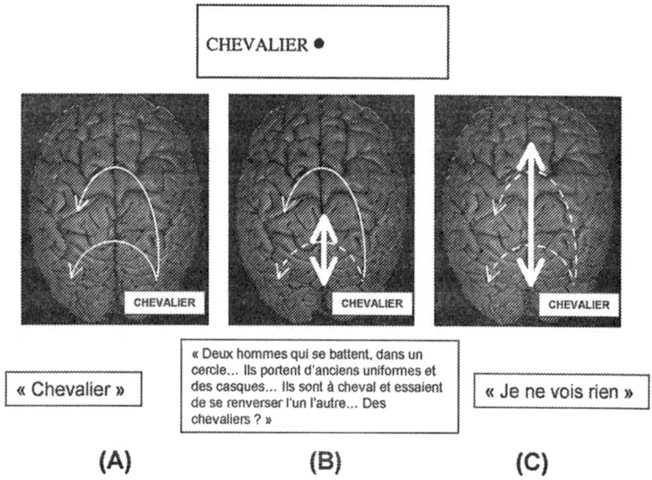

FIGURE 29 – *Ce patient a subi une section en deux temps du corps calleux. Un mot présenté à son hémisphère droit était lu normalement au départ (A). Après la section de l'arrière du corps calleux, il pouvait être deviné par l'hémisphère gauche sur la base d'informations sémantiques transitant par l'avant du corps calleux (B). Une fois la section complète, aucune information ne pouvait plus passer entre les hémisphères (C).*

apparemment l'hémisphère droit non seulement voyait le mot, mais aussi en comprenait le sens et pouvait faire passer à l'hémisphère gauche des informations sémantiques, des idées sans mots, des images. Ce passage se faisait par la partie avant intacte du corps calleux. Puis l'hémisphère gauche mettait des mots sur ces images, en parlait, et finissait par deviner de quoi il s'agissait. Quand survint la seconde opération, ce beau circuit se trouva radicalement coupé. Le patient, ou plus exactement *son hémisphère gauche*, ne pouvait plus que dire : « Je n'ai rien vu ! » Le chevalier arrivait à l'hémisphère droit, muet, et y restait confiné.

Retenons au moins une chose de cette histoire de chevaliers : que l'hémisphère droit est capable de reconnaître et de comprendre non seulement des images d'objets, mais aussi des mots écrits, même s'il ne peut pas les transformer en sons et les énoncer. Faisons tout de suite une réserve. Cette capacité est probablement variable d'un individu à l'autre et ne concerne généralement que *certains* mots, concrets et familiers. Tout cela rend plausible notre explication de la lecture implicite chez les patients alexiques. Quand j'ai montré le mot POMME, parmi d'autres, à Monsieur S.M.A., ce mot n'a pu être assimilé par son système visuel de l'hémisphère gauche ni par celui de la forme visuelle du mot, détruits par l'infarctus cérébral. La porte d'entrée dans le système qui, dans l'hémisphère gauche, est capable de transformer une suite de lettres en une suite de sons, était obturée. Monsieur S.M.A. était donc incapable de lire le mot, au sens habituel du terme. Mais en même temps, l'hémisphère droit voyait et jusqu'à un certain point comprenait ce mot : évoquait-il le goût, la forme, l'usage, la couleur des pommes ? Quoi qu'il en soit, cela suffisait pour que tout ce qui reste du cerveau du patient choisisse ce mot plutôt qu'un autre quand il s'agissait de repérer un fruit : scénario quasi identique à celui du *split-brain* J.W. et de son incertain chevalier.

Le calcul implicite

Il existe un domaine, un peu marginal dans l'histoire de la neuropsychologie, où les alexiques font preuve d'une capacité de lecture implicite remarquable : la manipulation des chiffres. La démonstration n'exige aucun système de lecture élaboré, seulement un crayon et du papier, comme du temps de Déjerine. Son patient alexique, Monsieur C., parvenait semble-t-il à lire sans trop de mal les nombres, mais probablement assez laborieusement, chiffre par chiffre. Landolt raconte : « À la vue du nombre 112, il déclare "c'est un 1, un 1, et un 2" mais ce n'est qu'en écrivant qu'il arrive à dire “cent douze”.» En bref, les chiffres isolés sont souvent plus faciles à reconnaître que les lettres isolées, mais l'alexie et les moyens de la contourner sont essentiellement les mêmes pour les mots et pour les nombres arabes. Tel est en tout cas la situation habituelle chez ces patients. Mais venons-en au fait. Nous avons étudié le cas de deux patients souffrant d'une alexie pure récente, remontant à environ un mois[4]. L'alexie était totale pour les mots, assez sévère même pour les lettres isolées, et n'épargnait nullement les chiffres. Je leur ai demandé de lire à haute voix une liste de paires de nombres de deux chiffres, par exemple « 56 19 ». Ils se sont trompés l'un et l'autre plus de sept fois sur dix, remplaçant les chiffres par d'autres. Par exemple, Monsieur G.O.D. a lu « 78 76 » « soixante-huit, soixante-neuf ». Notons au passage qu'ils répétaient souvent les mêmes erreurs sur plusieurs nombres successifs. Par exemple, alors que je lui demandais de lire les paires de nombres 68 71, 39 42, 32 29 et 26 62, Monsieur G.O.D. dit « 68 79, 69 79, 79 49, 69 69 ». Cette abondance de 69 rappelle une certaine série de thermomètres, n'est-ce pas ? Cela n'a rien de fortuit, nous y reviendrons.

L'alexie des nombres était donc massive. Peu après, j'ai à nouveau présenté aux patients cette liste, mais en leur demandant cette fois de me montrer simplement le plus grand de chaque paire (par exemple 56 dans « 56 19 »), sans rien dire, surtout sans essayer de lire les nombres à haute voix, en essayant de répondre rapidement, à la première impression. Cette tâche s'est immédiatement avérée d'une extrême facilité. Leur index volait d'une ligne à l'autre, indiquant chaque fois le plus grand des deux nombres sans aucune hésitation, sans faire même une seule erreur (Figure 30). C'est d'autant plus surprenant que bien souvent les erreurs de lecture inversaient la taille relative des deux nombres, comme dans l'exemple ci-dessus où « 78 76 » est lu « soixante-huit, soixante-neuf » : le plus grand nombre est déchiffré comme plus petit et pourtant il est bien jugé plus grand que l'autre. En résumé, lorsque je leur demandais de lire les nombres à haute voix, les patients ne les reconnaissaient pas ; lorsque je leur demandais de les comparer en silence, ils les reconnaissaient de façon parfaite. Ce phénomène est analogue, dans le domaine des chiffres, aux performances en lecture implicite de mots que nous avons vues

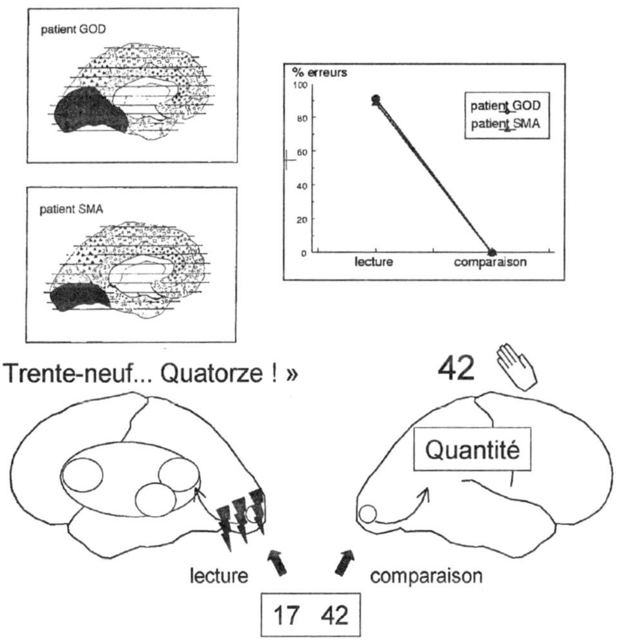

FIGURE 30 – *Ces patients alexiques étaient incapables de lire correctement les nombres. Pourtant, ils pouvaient sans aucune erreur montrer le plus grand de deux nombres. Leur système visuel droit intact leur permettait d'accéder aux quantités évoquées par les nombres et de les comparer. La lecture, alimentée par le système visuel gauche endommagé, ne bénéficiait pas de la même suppléance.*

au chapitre précédent. En substance, l'hémisphère droit est capable de reconnaître deux nombres, de comprendre la quantité qu'ils représentent, et de décider lequel des deux est le plus grand. Il est capable de tout cela, mais pas de lire à haute voix.

Comme tout à l'heure, les « split-brain » nous montrent ce qu'un hémisphère droit tout seul peut faire avec les nombres. Nous avons essayé avec Madame V.A.R. Quand nous présentions un chiffre à son hémisphère gauche, avec la technique tachistoscopique, elle pouvait faire n'importe quoi avec ce chiffre : le lire, calculer, comparer... Si, en revanche, nous le présentions à l'hémisphère droit, elle ne pouvait plus lire, elle disait souvent n'avoir rien vu, ou seulement un éclair de lumière. Mais quand nous lui demandions de ne rien dire du tout seulement de deviner si le chiffre était plus grand ou plus petit que 5 et de répondre en appuyant sur un levier, elle ne faisait pratiquement aucune erreur.

Un exercice facultatif : 5 × 3 = 42

Comme nous venons de le voir, on ne peut comprendre ce qui se passe quand un patient alexique voit un nombre qu'en le coupant (mentalement) en deux. D'une part, le système visuel de son hémisphère gauche, endommagé, ne peut identifier le nombre, et les processus comme la lecture explicite qui s'appuient sur ce système sont mis en défaut : 45 est lu « soixante-huit ». D'autre part, le système visuel droit intact donne une porte d'entrée dans l'hémisphère droit, qui est capable de manipulations non verbales des quantités. Comment un tel patient devrait-il calculer ? C'est ce que nous avons étudié avec Madame V., très semblable du point de vue neuropsychologique à Monsieur S.M.A. et à Monsieur G.O.D.[5].

Tout d'abord, comme elle ne souffrait que d'un problème visuel et non d'un problème général de manipulation des nombres, ses réponses furent parfaites pour peu que les problèmes lui fussent présentés auditivement (« Madame, dites-moi combien font cinq fois huit ; et treize moins cinq »). Nous lui avons ensuite proposé de petits problèmes arithmétiques élémentaires, mais par écrit, en lui demandant de les lire à haute voix et d'en donner la solution. Comment allait-elle lire ? Mal sans doute, comme d'habitude. En effet, elle dit par exemple « quatre moins trois » alors qu'on lui montre 7 – 1. Mais pour calculer ? Les calculs arithmétiques sont-ils plutôt préservés comme la comparaison de nombres ou plutôt perturbés comme la lecture à haute voix ? La réponse est que... cela dépend du type de calcul.

Les multiplications les plus familières ont été apprises par cœur sur les bancs de l'école. Ce sont des associations automatiques de mots, comme « am-stram-gram » ou « ABCDEF... ». L'association automatique par laquelle les mots « deux fois cinq » appellent le mot « dix » est complètement étrangère au fait que ces mots représentent des nombres, au sens de l'opération de multiplication. Tout juste un jeu de mots. Donc Madame V., lorsqu'elle était face à une multiplication, transformait les chiffres qu'elle voyait en mots (en faisant naturellement des erreurs) et utilisait ces mots pour récupérer le petit bout de table de multiplication correspondant. Devant 3 × 5, elle lut par exemple « six fois sept » et ces mots déclenchèrent par pure association verbale la petite chanson « six fois sept quarante deux ». Autrement dit, la réponse qu'elle donnait aux multiplications était la bonne réponse au problème qu'elle énonçait (6 × 7) mais une mauvaise réponse au problème imprimé devant elle (3 × 5). C'est logique !

Maintenant, voyons ce qui se passait avec les soustractions. Contrairement à ce qui se passe avec les multiplications, nous n'apprenons *pas* de tables de soustractions. Nous ne connaissons *pas* par cœur « onze moins sept, quatre » comme une association automatique de mots. Pour résoudre une soustraction, nous devons manipuler des quantités : par exemple, nous dire que 11 est plus grand que 10 d'une unité, que de 7 à 10 il y a 3 unités, donc que de 7 à 11 il y en a 4, et que donc 11 moins 7 font 4, etc. La résolution des soustractions simples ne dépend pas du codage du problème sous forme de mots au même titre que celle des multiplications. Par conséquent, Madame V., qui avait un accès relativement préservé aux quantités représentées par des chiffres, dans son hémisphère droit, devait pouvoir faire des soustractions correctement. Et en effet, elle donnait généralement le bon résultat, et cela malgré ses erreurs de lecture. Par exemple, devant 9 – 2, elle lut « quatre moins trois »... mais pourtant conclut par la bonne réponse, 7 ! Contrairement à ce qui se passait avec les multiplications, la solution que Madame V. donnait aux soustractions était la bonne réponse au problème qu'elle voyait (9 – 2) mais une mauvaise réponse au problème qu'elle énonçait verbalement (4 – 3).

Bref, Madame V. faisait des erreurs de lecture sur tous les problèmes arithmétiques qu'on lui présentait. Quant à la solution qu'elle proposait, c'était le résultat correct du problème qu'elle *énonçait* dans le cas des multiplications et du problème qu'elle *voyait* dans le cas des soustractions. Nous voyons là, dans le petit monde de l'arithmétique, resurgir le paradoxe de la lecture résiduelle dans l'alexie pure : selon la tâche qu'on leur propose, les patients semblent reconnaître ou bien ne pas reconnaître les mots (ou les nombres) qu'ils ont devant eux. Quand la tâche est de nature verbale, qu'elle repose sur le système du langage, comme la lecture à haute voix ou l'accès aux tables de multiplications, l'échec est assuré. En effet, l'hémisphère gauche n'est plus capable d'identifier les symboles imprimés. Quand la tâche peut être réalisée par une entrée par l'hémisphère droit, dont le système visuel est intact, comme la décision lexicale muette ou la soustraction, les choses se passent bien. Et quand il arrive qu'une tâche associe étroitement des aspects verbaux et non verbaux, on peut voir cette étrange mixture de succès et d'échec, de reconnaissance et de méconnaissance. Voilà le sens de ce menu fait clinique : « – Madame, lisez ceci (9 – 2) et donnez-moi le résultat... – Quatre moins trois... sept. »

Enfin, le diagnostic de l'homme-thermomètre !

Le langage repose sur une machinerie complexe, généralement logée dans l'hémisphère gauche. Le système visuel, qui possède des voies d'entrée dans les deux hémisphères, se spécialise dans l'hémisphère gauche la reconnaissance experte des caractères alphabétiques, dans le dessous du lobe temporal gauche. Quand nous lisons des mots, nous utilisons conjointement ces régions visuelles spécialisées, qui reconnaissent les chaînes de lettres, et les aires du langage qui en dérivent la prononciation, le sens, etc. Lorsque ces régions visuelles gauches sont détruites, il en résulte une alexie pure. Le système visuel de l'hémisphère droit n'a pas développé cette expertise spécifique pour la lecture ni ces liens étroits avec le langage, il est pourtant capable de reconnaître des symboles écrits, au moins jusqu'à un certain point. Toutefois, ce système n'étant pas la voie d'entrée normale dans la lecture explicite, il ne permet pas de pallier complètement le système gauche quand celui-ci est détruit. Il permet toutefois à ces patients, ou au moins à certains d'entre eux, d'identifier *implicitement* des mots ou des chiffres. Implicitement, c'est-à-dire dans des tâches non verbales, muettes, sans langage.

Monsieur Mathieu Z., l'homme-thermomètre, avait une alexie pure, et nous avons commencé notre exploration diagnostique par ce symptôme. Toutefois, le problème le plus grave chez Monsieur Z., illustré dans le dialogue inaugural de ce livre, n'apparaissait pas avec les mots écrits mais avec les objets ou les images d'objets. Lorsqu'il lui fallait en donner le nom, il semblait ne pas les reconnaître mais y voir d'inévitables thermomètres. Je propose maintenant une hypothèse simple. Supposons que le comportement de Monsieur Z. face à des objets ne soit rien d'autre qu'une extension plus large de son comportement face aux mots écrits ; ou bien, ce qui revient au même, que son alexie pure soit un cas particulier d'un problème plus vaste touchant le comportement verbal face à tout objet visuel, que ce soit le mot « BANANE » imprimé, l'image d'une banane, ou une banane en chair et avec sa peau. C'est cette hypothèse que nous allons poursuivre plus en détail.

Les problèmes de l'homme-thermomètre, tels qu'ils apparaissent au tout début du livre, peuvent être déchiffrés grâce à la grille de l'alexie pure sous ses deux facettes, la négative et la positive, la perte de l'explicite et la préservation de l'implicite.

La première facette, négative : l'incapacité de Monsieur Z. à nommer les objets qu'il voit ne serait qu'une extension de son incapacité à lire, c'est-à-dire à nommer les mots écrits. Il faudrait pour cela imaginer que l'hémisphère gauche, du fait d'une lésion étendue du système du QUOI, n'arrive plus à reconnaître non seulement les caractères alphabétiques, mais aussi tous les objets en général. Il n'y a là rien d'impossible. Nous avons déjà parlé d'un patient de cette sorte, dont l'agnosie visuelle était si sévère qu'elle affectait les mots écrits (c'est l'alexie pure), mais aussi toute espèce d'objets (voir page 96).

La seconde facette, positive : la reconnaissance parfaite de sa fourchette et de son couteau à l'heure des repas, quand il faut s'en servir et non en parler, ne serait qu'une extension de ses capacités de lecture implicite. Pour les mots comme pour les objets, la reconnaissance visuelle marcherait *pour peu que la situation n'exige pas de parler des choses*, mais par exemple de s'en servir. Là encore, l'explication que j'ai avancée pour la lecture implicite dans l'alexie semble tenir : l'hémisphère droit, intact, pourrait reconnaître les objets et mettre en œuvre des comportements d'utilisation adaptés (la fourchette à l'heure du repas). En revanche, quand le patient essaie de nommer ce qu'il voit, son langage s'appuie comme à son habitude sur le système visuel gauche, détruit, et... ça ne marche pas.

Ce scénario s'applique assez bien à notre homme-thermomètre. Il s'agirait globalement d'un problème de même nature que son alexie, mais débordant du petit monde des mots écrits (qui sont finalement des objets visibles parmi d'autres), pour toucher *tous* les objets visibles. Cette situation a un nom, comme souvent assez cryptique, « l'aphasie optique ». Comme bien d'autres, ce syndrome a été décrit à la fin du XIXe siècle. Le premier à l'avoir identifié fut Carl Samuel Freund, bientôt suivi par son presque homonyme Freud, Sigmund lui-même, qui devait s'illustrer ensuite dans des domaines plus ou moins connexes. Le nom « aphasie optique » est assez trompeur, puisque ces patients ne sont pas aphasiques au sens habituel du terme : Monsieur Z. parlait normalement, et comprenait parfaitement ce qu'on lui disait. Mais ce nom exprime tout de même bien l'essentiel. Deux conditions doivent être réunies pour que les ennuis commencent : il faut que le patient essaie de *parler*, et de parler de ce qu'il *voit*. Cette incapacité de verbalisation contraste de façon paradoxale avec la capacité intacte à donner le nom d'un objet que l'on entend (des clés qui tombent, des vaches qui meuglent...), que l'on palpe, ou dont on entend une définition

(« quel est l'objet qu'on met dans une serrure pour l'ouvrir ? »). Elle contraste aussi avec une utilisation (et donc une identification) correcte des objets, dans d'autres circonstances. Vous l'avez reconnu : c'est lui, c'est l'homme-thermomètre !

Analysons encore le parallèle entre aphasie optique et alexie pure. Prenons un patient alexique pur. Admettons qu'il ne dispose d'aucune capacité de lecture implicite : il répond au hasard lorsqu'on lui demande de décider si une suite de lettres forme un vrai mot ou pas, si on lui demande si un mot désigne un animal ou pas, etc. Maintenant, imaginons que pour son malheur le trouble affecte non seulement les mots écrits mais aussi tous les objets familiers : quelles que soient les circonstances, ce patient n'arrivera pas à reconnaître ce qu'il verra. Un tel patient souffre d'une agnosie visuelle, non seulement pour les mots écrits (ce qu'on appelle « l'alexie »), mais aussi pour les objets. Prenons maintenant un autre patient, lui aussi alexique, mais qui dispose de capacités de lecture implicite : il peut classer des mots ou des nombres qu'il ne peut pas lire à haute voix de façon explicite. Imaginons que cette situation s'étende aux objets visuels en général : c'est cela qui s'appelle « l'aphasie optique ». L'aphasie optique n'est autre qu'une agnosie visuelle avec conservation de la reconnaissance implicite des objets.

		Reconnaissance implicite	
		Non	**Oui**
Difficultés à identifier les...	Mots	Alexie pure sans lecture implicite (Monsieur C., le patient de Déjerine, page 109)	Alexie pure avec lecture implicite (Messieurs S.M.A.. et J.W.C, pages 145 et 146)
	Objets	Agnosie visuelle pour les objets (le patient de Rubens et Benson, page 96)	Aphasie optique (Monsieur Z., l'homme-thermomètre)

Nous voici avec pas moins de quatre situations différentes, et l'avantage de connaître des patients les illustrant. Reste un double mystère anatomique (sans parler des autres) : ces quatre situations résultent toutes à peu près de la même lésion cérébrale, une lésion qui touche des régions inféro-temporales gauches. Pourquoi donc, selon les cas, les troubles s'étendent-ils aux objets en général ou restent-ils limités aux mots écrits ? Et pourquoi donc, selon les cas, y a-t-il ou non des capacités de reconnaissance implicite ?

Les réponses sont encore incertaines, mais il n'est pas difficile de trouver quelques éléments d'interprétation. En voici quelques-uns. (i) Le cortex inféro-temporal est subdivisé en zones plus ou moins spécialisées pour tel ou tel type d'objet, il serait donc logique qu'une lésion plus grande touche la reconnaissance d'une plus grande variété d'objets. Pourquoi unc petite lésion ne créerait-elle pas des problèmes *uniquement* avec les mots écrits ? (ii) La reconnaissance explicite des mots semble être une spécialité hémisphérique gauche, alors que reconnaître des objets ressort de chacun des deux hémisphères. Si l'hémisphère gauche est mis hors circuit, le droit devrait bien mieux le suppléer pour les objets que pour les mots. (iii) Une lésion *des deux* hémisphères, en empêchant l'hémisphère droit de suppléer au gauche, doit empêcher l'apparition de capacités résiduelles. On s'attend alors à une agnosie visuelle plutôt qu'une aphasie optique. (iv) Ce genre de lésions, outre de léser le système visuel, a parfois pour effet d'endommager l'arrière du corps calleux. Selon les cas, le système visuel droit pourrait donc communiquer plus ou moins efficacement avec le système verbal. (v) À tout cela s'ajoute un facteur qui est encore mal connu : les particularités individuelles de l'organisation cérébrale. Notamment, il est probable que les capacités de l'hémisphère droit soient très variables d'un individu à l'autre. Lorsque l'hémisphère gauche est endommagé, un hémisphère droit incompétent ne saurait être la source de suppléances, implicites ou explicites.

Monsieur Z. ne pouvait parler des objets qu'il voyait, mais il pouvait s'en servir parfaitement. Nous sommes parvenus à une interprétation plausible de ce phénomène de base. Cependant, il ne faut pas en conclure que chez *tous* les patients qui éprouvent des difficultés à nommer les objets, l'explication soit la même que pour Monsieur Z. Il s'agit en général de pannes du langage lui-même, pannes que nous allons étudier maintenant.

CHAPITRE 7

L'usine à mots

Une pièce en trois actes

Ce livre cherche à tirer au clair la raison pour laquelle celui que nous avons appelé « l'homme-thermomètre » ne parvenait pas à nommer les objets qu'il voyait pourtant distinctement devant lui. Nous sommes arrivés à l'idée que le cœur du problème se trouvait dans les phases ultimes de la vision : devant une brosse à dents, le système visuel n'arrivait plus à fabriquer la clé qui donne normalement l'accès à toutes les connaissances portant sur cet objet, son usage, son nom, etc. Nous avons vu qu'en première approximation, cette situation s'appelle une « agnosie visuelle ». Nous avons ensuite affiné notre diagnostic : Monsieur Mathieu Z. utilisait étonnamment bien les objets qu'il ne pouvait nommer. Nous avons suggéré que ces capacités de reconnaissance implicite reflétaient peut-être le travail de son hémisphère droit intact. On sait que quand une agnosie visuelle s'accompagne de ces manifestations non verbales de reconnaissance, elle prend le nom d'« aphasie optique ». Mais ce raffinement ne change rien à l'explication de l'incapacité du patient à donner le nom des objets qu'il voit. Au risque de me répéter, cette « anomie » vient d'une impossibilité à passer de la vision aux connaissances encyclopédiques que recèle la mémoire à propos des objets familiers.

Mais attention ! il y a bien d'autres raisons qu'un défaut de reconnaissance visuelle pour lesquelles un patient peut se trouver incapable de donner le nom d'un objet. Passons en revue ce qui se déroule dans notre cerveau lorsque nous appelons un chat un chat (Figure 31, et Figure 34 pour plus de détails). Première étape, notre système visuel analyse l'image du chat. Si cette étape ne peut pas être franchie, nous souffrons d'agnosie visuelle (ou d'aphasie optique...), qui constitue une première raison de ne pouvoir nommer l'animal.

Deuxième étape, nous accédons à tout ce que nous savons sur le chat, à toutes nos connaissances sémantiques : il miaule, il chasse les souris, nous sommes éventuellement allergiques à ses poils, etc. Imaginons que nous ne sachions plus rien de tout cela, que nous ayons perdu la sémantique du chat, que tout se passe comme si les chats n'avaient jamais existé. Nous nous trouverions peu ou prou dans la situation des zoologistes du British Museum qui ont reçu en 1798 la dépouille d'un ornithorynque : ils n'en avaient jamais vu, ne savaient pas ce que c'était, et donc... ne pouvaient pas en donner le nom.

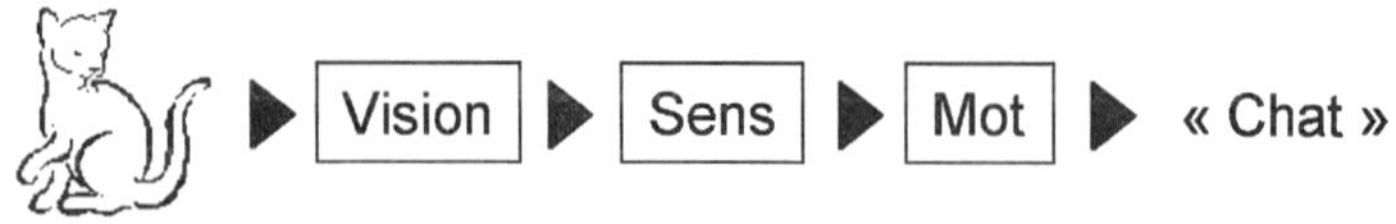

FIGURE 31 – *Entre l'image qui entre par les yeux et le mot qui sort de la bouche, l'information est analysée par le système visuel, ce qui permet d'accéder à toutes les connaissances, puis finalement au mot. Une panne survenant à l'un de ces trois niveaux peut empêcher une dénomination normale.*

Troisième étape, nous avons reconnu le chat, nous nous souvenons de tout ce qui le concerne, et pourtant nous ne trouvons pas le mot qui le désigne. Tout le monde a eu l'expérience exaspérante d'avoir un mot « sur le bout de la langue ». Ce phénomène normal et banal donne une bonne idée de ce qu'est le véritable « manque du mot », le symptôme le plus répandu chez les aphasiques. L'incapacité à dénommer un objet peut donc résulter de pannes survenant à trois niveaux distincts : la vision, la sémantique ou le langage.

Chez l'homme-thermomètre, nous avons conclu que c'était l'étape visuelle qui était en cause. Nous allons maintenant explorer d'autres mécanismes possibles d'erreurs de dénomination : la perte du sens, la perte des mots, la déconnexion entre sens et mots, etc. Ce sera l'occasion d'incursions plus précises dans les coulisses du langage.

La fin des choses

La démence sémantique est une maladie rare. Comme la maladie d'Alzheimer, malheureusement beaucoup plus fréquente, elle résulte de la mort lente de vastes populations de neurones corticaux[1]. Dans la maladie d'Alzheimer, les dégâts débutent à la face interne des lobes temporaux, dans des régions impliquées dans l'apprentissage des faits nouveaux, ce qui explique que les troubles de la mémoire soient en général révélateurs de la maladie. En revanche, dans la démence sémantique, c'est surtout le cortex de la face latérale et de l'avant des lobes temporaux qui dégénère (Figure 32, voir hors-texte). On peut résumer d'un mot les conséquences dramatiques de cette atteinte : les patients oublient progressivement tout ce qu'ils savent à propos… des choses. En voici un exemple.

– Monsieur, pouvez-vous me donner la main ?

– La main, la main... Qu'est-ce que c'est ? Qu'est-ce que ça veut dire, la main ?

– Quel âge avez-vous ?

– Quel âge ? Vous voulez dire... Pourquoi est-ce que je... Vous avez dit quel âge ? Qu'est-ce que c'est l'âge ?

– Dites-moi ce qu'il y a sur cette image [un chien].

– C'est un animal.

– Vous savez quel genre d'animal ?

– C'est un animal qui... Non...

– Et sur cette image [un pigeon] ?

– Un animal.

– Pouvez-vous me dire comment cet animal se déplace ?

– Non... il marche ?

– Et ça [une grenouille] ?

– Un... je ne sais pas.

Le symptôme le plus évident de la démence sémantique est le manque du mot. Souvent, les choses au début sont limitées à cette difficulté à trouver les mots dans la conversation. Le patient sait encore ce que sont les chiens et les canards, mais il a simplement du mal à retrouver le nom quand il en a besoin. Puis les années passent et le manque du mot augmente. À la longue, un iceberg se forme, dont le manque du mot n'est que la partie visible. En effet, ce manque finit par refléter deux problèmes distincts à la fois (Figure 34). Non seulement les patients ne trouvent pas les mots correspondant aux choses qu'ils connaissent, mais en outre ils finissent par ne plus connaître *les choses elles-mêmes*. Le patient ne sait plus ce qu'est un chien ou un canard. Pour faire la part des choses, on peut tester les connaissances sans qu'il soit besoin d'utiliser des mots, par exemple en demandant au patient de classer des images en différentes catégories. À ce stade, non seulement il ne peut plus trouver les mots quand il en a besoin, mais en outre il ne les comprend plus quand il les entend. Cette dissolution des concepts est progressive. Souvent, les patients regroupent les choses en catégories de plus en plus vastes et indifférenciées. Par exemple, tous les quadrupèdes sont appelés « chien » et tous les oiseaux « oiseau », puis les limites s'estompent encore plus, tous les animaux sont confondus dans un groupe unique (« c'est une bête »), qui finit par se fondre dans un chaos de « machins » et de « trucs », aux côtés des objets inanimés eux-mêmes. Quels sont dans ces cas dramatiques les mécanismes du défaut massif de dénomination ?

Prenons un exemple. Les connaissances que nous avons d'une brioche peuvent se comparer à un arbre dont chaque feuille serait un fragment de savoir. C'est par exemple son odeur, son goût, sa consistance, son aspect, et bien sûr son nom, parlé ou écrit. Les feuilles sont toutes liées entre elles : elles se trouvent sur de petites branches qui convergent à leur tour vers de plus grosses, qui convergent vers le tronc. Ce sont ces liens qui permettent d'évoquer n'importe quel fragment (par exemple une image visuelle) à partir de n'importe quel autre fragment (par exemple le goût).

Or les lobes temporaux sont essentiels à la constitution cohérente de cet arbre. Ils sont comme des troncs vers où convergent les tiges de toutes les feuilles. Nos fragments de savoir sur les brioches sont dispersés en différentes régions du cerveau : les images visuelles dans le cortex visuel, les images auditives dans le cortex auditif, les programmes d'articulation du mot « brioche » dans le cortex moteur du langage, etc. Les liens entre ces informations dispersées s'établissent grâce à des projections convergentes qui réunissent de façon hiérarchique des fragments visuels entre eux, puis ces fragments visuels à des fragments auditifs, puis ces groupements eux-mêmes à des fragments d'autres espèces encore. Les lobes temporaux sont des zones de convergence de haut niveau hiérarchique où arrivent et d'où partent des connexions aux régions corticales les plus diverses, et où sont ainsi mis en relation des fragments de savoir dispersés dans tout le cerveau. Outre ce rôle de lien, les cortex temporaux contiennent eux-mêmes des informations qui contribuent à ces bouquets de savoirs[2].

La fonte temporale progressive qui survient dans la démence sémantique entraîne un éclatement, une dissociation des fragments de savoir, qui ne peuvent plus s'activer mutuellement. Un patient put nous dire, devant une image d'un pingouin, qu'il s'agissait d'un oiseau nageur, mais affirma aussi qu'il prospérait dans le sud de la France. On voit que le faisceau de connaissances cohérentes qui constitue le concept même de pingouin était en voie de dissolution. Ce mécanisme de dissociation explique notamment le manque du mot qui précède la dissolution des concepts. En effet, le mot est un de ces fragments de connaissance sur les choses, une lésion temporale peut ainsi faire que l'image d'une table (même si elle est reconnue par le système visuel) ne peut plus réactiver le mot « table » dans la mémoire (même si le patient connaît encore ce mot). Les mots étant surtout logés dans l'hémisphère gauche, ce genre de phénomène (le manque du mot sans perte du sens) se produit surtout chez des patients dont l'atrophie prédomine dans le lobe temporal gauche plutôt que dans le droit[3]. Puis les fragments de savoir eux-mêmes meurent et les patients ne sont plus capables de distinguer les mots réels de mots inventés, ou les objets réels de figures chimériques. Les choses du monde leur deviennent peu à peu étrangères.

Les noms des hommes

Chez les patients qu'un accident vasculaire a rendus aphasiques, le manque du mot est le symptôme le plus banal. Le plus souvent, ces difficultés à trouver le bon mot au bon moment ne reflètent pas une perte des savoirs concernant ces objets, mais seulement un problème d'accès aux mots eux-mêmes, de leur production. Plusieurs cas sont possibles. La variante la plus simple est une pure et simple déconnexion entre le sens et les mots. C'est ce qu'on appelle parfois une anomie « classique ». Pour mémoire, ce genre de déconnexion est un des mécanismes de l'anomie dans la démence sémantique.

Monsieur F. était commissaire priseur, spécialisé dans les œuvres d'art et notamment les tableaux de maîtres[4]. Il fut victime d'un accident vasculaire cérébral. Pendant son séjour à l'hôpital, il observa lui-même plusieurs choses curieuses. Malgré une mémoire habituellement bonne, il n'arrivait pas à retenir le nom des infirmières et des médecins qui s'occupaient de lui jour après jour. Il les reconnaissait à leur visage, à leur voix, mais c'est de leur nom qu'il n'arrivait pas à se souvenir. Le problème apparaissait aussi dans l'autre sens : les noms propres ne disaient souvent plus rien à notre commissaire. Ainsi, au cours de son séjour à l'hôpital, il reçut quelques cartes postales de ses amis : le nom des signataires lui était comme inconnu. Il écoutait à la radio les dernières nouvelles politiques : il ne savait plus si les noms qu'il entendait étaient ceux de ministres, du président, de chanteurs, d'acteurs, etc. Comment cerner l'origine de cet affligeant manque du mot ?

Avec Patrick Verstichel, nous avons présenté à Monsieur F. un grand nombre de photos de personnes illustres. Dans plus de 60 % des cas, il n'a pas trouvé leur nom. Pourtant, il était parfaitement évident qu'il reconnaissait l'identité du personnage représenté et que toutes ses connaissances biographiques restaient intactes. Il n'était absolument pas prosopagnosique. Par exemple, en voyant une photo du chancelier Helmut Kohl, il déclara : « C'est le président allemand... mais pas Schmidt... deux mètres de haut... quand ils sont l'un à côté de l'autre, notre président a l'air tout petit. » Le plus souvent, il suffisait de fournir à Monsieur F. le prénom pour que le nom perdu lui revienne soudain à l'esprit dans son entier. Rien n'était donc perdu : le souvenir des visages, les connaissances biographiques, mais aussi les noms. Le seul problème était d'activer les noms, présents dans la mémoire mais inaccessibles, à partir de l'identité (Figure 33). Et ce n'était pas tout : chez ce patient, la déconnexion entre les identités et les noms était à double sens. Le nom d'Édouard Balladur, alors Premier ministre, lui inspira les commentaires suivants : « Je ne sais pas... ça ne m'évoque rien... c'est peut-être un homme politique, mais je n'en suis pas sûr. » Et pourtant, le stock des noms familiers était conservé dans la mémoire de Monsieur F., même s'il n'y avait plus accès. Il pouvait ainsi facilement repérer le nom réellement familier parmi les autres dans une liste du genre « Robert Balladur, Édouard Bulladar, Édouard Balladur ».

Terminons avec un phénomène qui ne peut s'expliquer que par cette déconnexion bidirectionnelle. Nous avons montré à Monsieur F. le nom « Boris Eltsine » imprimé sur une carte, tout en lui demandant de choisir le visage correspondant parmi quatre possibilités : le visage de Eltsine, celui de Helmut Kohl, et celui de deux inconnus corpulents. En considérant ces quatre visages, le patient dit : « Le premier est le président russe, le second est le président allemand... les deux autres je ne les connais pas... mais je ne peux pas vous dire lequel est Boris Eltsine. » Avant sa lésion cérébrale, Monsieur F. aurait eu trois bonnes raisons de repérer facilement le bon visage (Figure 33). Premièrement, la photo d'Eltsine, à l'exclusion des trois autres, aurait évoqué dans sa mémoire le nom « Eltsine », le conduisant à choisir cette photo. Deuxièmement, la photo de Eltsine et le nom « Eltsine » imprimé auraient évoqué les mêmes connaissances encyclopédiques dans sa mémoire (le président russe, amateur de vodka, de jerk, de chars d'assaut, etc.), et pointé vers le même individu. Troisièmement, le nom imprimé « Eltsine » aurait évoqué une image mentale du visage correspondant, cette image aurait été comparée aux photos proposées, pour que la bonne fût sélectionnée. Or, comme le résume le schéma, la déconnexion entre connaissances encyclopédiques et noms propres explique qu'aucune de ces procédures n'était plus disponible.

Ce qu'on sait maintenant devrait permettre de trouver aisément la lésion dont souffrait Monsieur F. On se souvient du rôle des lobes temporaux dans le lien entre fragments de connaissances éparses et de l'importance du lobe temporal *gauche* pour faire le lien entre une chose et son nom. En effet,

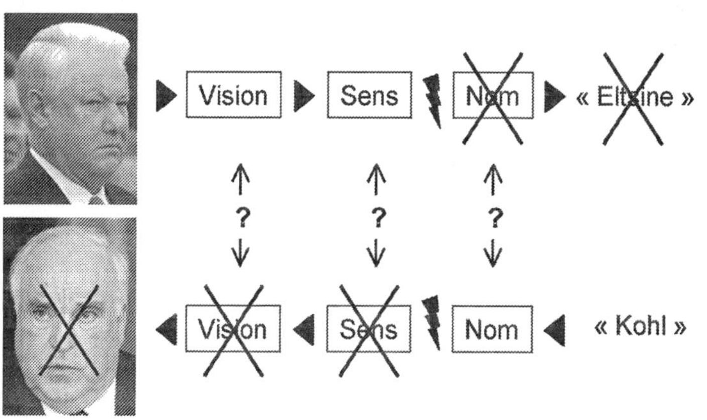

FIGURE 33 – *Chez Monsieur F., les noms de personnes et leur sens ne s'activaient plus mutuellement. Par conséquent, confronté au nom « Kohl » et au visage de Boris Eltsine, le patient ne pouvait comparer ni les visages, ni les biographies, ni les noms. Il ne pouvait donc décider si le visage et le nom proposés appartenaient à une seule et même personne.*

la lésion de Monsieur F. se trouvait dans un repli dit « parahippocampique » du lobe temporal gauche, où convergent et d'où divergent des connexions à des régions cérébrales très diverses.

Sur le bout de la langue

Dans la série d'étapes qui mènent de la vue d'une image à l'articulation de son nom, restons encore dans la phase du langage. Jusqu'à présent, nous nous sommes placés dans des situations assez simples. Quand les patients dont nous avons parlé cherchaient un mot, de deux choses l'une, soit ils le trouvaient, soit ils ne le trouvaient pas. En réalité, nous allons voir que les choses sont plus compliquées, qu'il est possible de trouver un mot… partiellement. C'est même assez banal, tout le monde a eu l'occasion d'avoir un mot « sur le bout de la langue ». Quand on se trouve dans cette situation irritante, on a la sensation très forte de connaître le mot, un mot bien précis, sans aucune ambiguïté, et on est en même temps incapable de trouver les sons qui le composent. Il peut venir à l'esprit des mots ou des pseudo-mots dont on sent bien qu'ils ressemblent plus ou moins à la cible. On se rend compte qu'on s'approche de la cible, on l'atteint parfois, avec soulagement et avec la conscience immédiate et certaine que cette fois, ça y est !

Cette impression subjective de simultanément connaître et ne pas connaître le mot a été étudiée de façon expérimentale[5]. Une première manière de faire consiste à prier des collaborateurs aussi nombreux que possible de consigner le phénomène lorsqu'il se produit. On peut aussi produire artificiellement ce phénomène en laboratoire. Pour cela, on soumet à des sujets des définitions de mots connus, mais relativement peu familiers, charge à eux de trouver le mot correspondant. Par exemple, comment appelle-t-on un instrument de navigation employé pour mesurer les distances angulaires, en particulier la hauteur du soleil, de la lune et des étoiles en mer ? Mais on peut augmenter encore la chance de mettre le sujet en situation d'avoir « le mot sur le bout de la langue » en lui fournissant, juste après la définition, un mot dit « bloqueur ». Les mots bloqueurs les plus efficaces sont ceux qui ont avec le mot cible une ressemblance trompeuse. Par exemple, le mot « sécant », s'il est proposé juste après la définition ci-dessus, risque d'interférer avec la récupération du mot « sextant ».

On peut alors interroger les victimes d'un mot sur le bout de la langue, alors même qu'elles sont en proie à leurs tourments, pour essayer de leur faire dire ce qu'elles savent du mot qu'elles cherchent. Deux fois sur trois, le premier son est connu (« s » dans « sextant »). Les phonèmes du milieu du mot sont souvent inaccessibles, puis les intuitions s'améliorent à nouveau un peu avec les derniers phonèmes. Environ trois fois sur quatre, on a également une idée exacte du nombre de syllabes. Enfin, trois fois sur quatre également, on connaît le genre féminin ou masculin du mot. L'intuition est donc juste : quand on a un mot sur le bout de la langue, on a bien à sa disposition une partie des informations le concernant, mais on n'a pas toute l'information nécessaire pour le retrouver effectivement

Ne retenons pour l'instant qu'une leçon principale : l'accès à un mot lors de la préparation de la parole n'est pas un processus en tout ou rien. Le genre masculin ou féminin, la longueur, les sons, tous ces fragments de savoir peuvent être récupérés indépendamment les uns des autres. Cela signifie que dans la figure 31, la boîte intitulée « Mots » doit elle-même en contenir de plus petites, reliées par de plus petites flèches. Nous allons voir comment la neuropsychologie nous permet de jeter des coups d'œil à l'intérieur de cette boîte. Pour nous faciliter le travail, nous allons nous munir d'une carte du territoire que nous allons explorer. La figure 34 présente une vue de l'intérieur de la boîte « Mots », adaptée d'une des théories les plus en vogue actuellement. Il existe des points de vue un peu différents sur la question, les publications scientifiques nourrissent dans ce domaine des débats acharnés et subtils. Mais cela... ne nous concerne pas.

Suivons les étapes de haut en bas. Nous voyons un chat, notre système visuel analyse l'image et nous accédons à tout

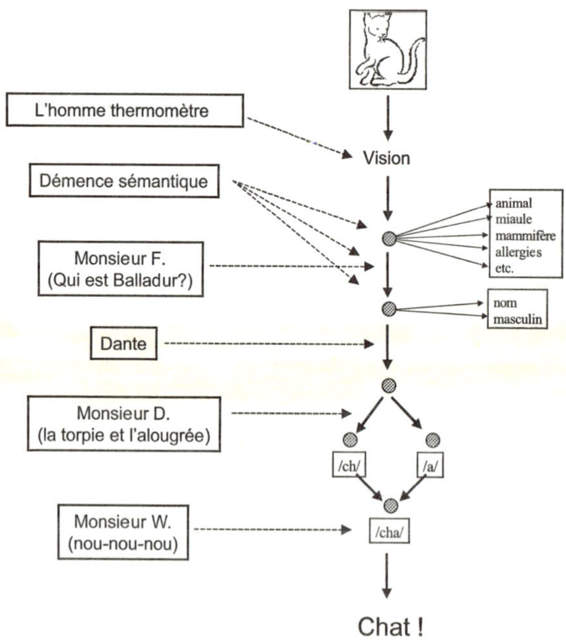

FIGURE 34 – *Les principales étapes de la fabrication d'un mot : l'accès au sens, puis aux caractéristiques grammaticales, puis aux sons, puis enfin aux syllabes et à l'articulation effective. Est indiquée la localisation vraisemblable des pannes chez les différents patients décrits dans le texte.*

notre savoir encyclopédique concernant les chats : ce sont des félins, ils chassent les souris, ils ronronnent, leurs poils provoquent des allergies, etc. Ensuite, nous parvenons au mot « chat » lui-même, mais cela *en deux étapes* : dans un premier temps, nous nous souvenons que c'est un mot masculin, puis dans un second temps que ce mot est composé du son « CH » et du son « A ». Finalement, nous préparons un petit programme articulatoire qui nous permet de prononcer effectivement la syllabe « chat ». Zoomons maintenant sur ces deux étapes successives : l'accès aux caractéristiques grammaticales (masculin, féminin, etc.) puis l'accès aux sons. Qu'est-ce qui nous prouve qu'il s'agit bien de deux étapes distinctes et qu'elles surviennent dans cet ordre-là ? D'abord un peu de neuropsychologie !

Nel mezzo del cammin

Bill Badecker et ses collègues ont étudié en 1995 le cas d'un jeune patient, connu sous le pseudonyme de Dante. J'ignore pourquoi ce pseudonyme a été choisi plutôt qu'un autre, mais c'est peut-être parce que *La Divine Comédie* commence par les vers fameux

> *Nel mezzo del cammin di nostra vita*
> *mi ritrovai per una selva oscura,*
> *ché la diritta via era smarrita*

où le poète dit qu'il se retrouva égaré dans une forêt obscure, au milieu du chemin de sa vie. Le jeune patient Dante aussi se trouvait égaré au beau milieu d'un chemin. Il s'agissait en l'occurrence du chemin de la parole : quand il cherchait à nommer un objet, il faisait la moitié du chemin, puis restait bloqué sans parvenir au but. Examinons les faits plus en détail. Quelques années après avoir subi une lésion hémisphérique gauche de nature peu claire, Dante conservait deux séquelles principales : une mauvaise mémoire et un manque du mot envahissant. Lorsqu'on lui demandait de nommer des images familières, il ne trouvait la bonne réponse qu'environ une fois sur deux. Le reste du temps, il ne faisait pas réellement d'erreurs, il n'avait simplement aucune idée du nom à trouver. Aucune idée ? Pas tout à fait. Pour peu qu'on le lui demande, il savait toujours s'il s'agissait d'un nom masculin ou d'un nom féminin, « *il* » ou « *la* », mais sans pouvoir indiquer ni le nombre de syllabes, ni la première ou la dernière lettre, ni choisir un mot au son ressemblant. Il semblait donc qu'il pouvait accéder à une partie bien définie des informations concernant les mots (leur genre grammatical), mais ne pouvait accéder à leur contenu sonore ou plus exactement à la liste des phonèmes qui les composent (Figure 34).

Naturellement, on pourrait imaginer que le genre naturel, le sexe des images présentées, suffise à répondre. Même sans rien savoir des mots correspondants, il est facile de deviner que le nom d'une vache ou d'une poule sera féminin, alors que le nom d'un taureau ou d'un coq sera masculin. Mais quand il s'agit d'une table ou d'un soleil, ou d'autres choses asexuées, le genre grammatical est parfaitement arbitraire, et très variable d'une langue à l'autre. C'est une caractéristique grammaticale du mot sans aucune valeur sémantique et par conséquent impossible à deviner sans accéder au mot lui-même. Or Dante savait toujours quel était le genre de ces mots asexués. C'est donc au mot qu'il accédait (partiellement) et pas simplement à sa signification. Quelle est la leçon à tirer de ce cas ? Il montre que récupérer un mot dans sa mémoire afin de le prononcer ne se fait pas d'un seul coup. Toutes les informations ne viennent pas en un seul paquet, en tout ou rien. Le cas de Dante suggère que, dans un premier temps, nous accédons aux caractéristiques grammaticales (en l'occurrence le genre des noms), puis dans un second temps aux sons qui composent le mot. Il nous l'enseigne parce que le blocage se situe juste après la première de ces deux étapes : Dante trouve le genre, mais pas les sons.

Mais attention ! cette interprétation n'est peut-être pas la seule possible. En effet, il y a des liens étroits entre le genre et les sons. Par exemple en français, 99 % des mots finissant par le son « in » comme « train » sont des mots masculins, alors que 90 % des mots finissant par le son « z » comme « église » sont féminins. En italien, la langue des deux Dante, la plupart des mots en « o » sont masculins et la plupart des mots en « a » féminins. Imaginons que, face à une image, le patient ait une petite connaissance résiduelle des sons du mot ne lui permettant pas de le prononcer mais tout juste de connaître le son final (« o », « a » ou autre). Il se pourrait alors qu'il détermine le genre du nom en se fondant sur cet indice : ça se finit en « o », ça doit donc être masculin, etc. Si tel est le cas, notre belle théorie en deux étapes ne tiendrait plus à grand-chose. Mais heureusement, Badecker et ses collègues se sont assurés que Dante continuait à faire des étincelles pour des mots dont le genre est imprévisible, qu'il s'agisse de masculins se terminant en « a » (*problema*), de féminins se terminant en « o » (*mano*), ou de mots se terminant en « e » ou en « u » qui peuvent être de l'un ou l'autre genre. La théorie des deux étapes reste donc à flot.

Quelques années plus tard, la même équipe a étendu sa démonstration aux verbes. Revenons un instant à l'école primaire. Au passé composé, certains verbes se conjuguent avec l'auxiliaire être (je suis parti) et d'autres avec avoir (j'ai mangé). Les verbes qui peuvent avoir un complément d'objet (manger quelque chose) prennent tous l'auxiliaire avoir. Quant aux autres verbes, ils prennent l'un ou l'autre auxiliaire : « je suis parti », mais « j'ai voyagé ». Lorsqu'on lui demandait de compléter des phrases comme « Hier matin à 5 heures 30, le soleil... », Dante ne parvenait souvent pas à trouver le verbe (se lever), mais il pouvait toujours indiquer correctement s'il fallait mettre l'auxiliaire être ou avoir.

Cela généralise et confirme l'idée initiale : lorsqu'on parle, on récupère d'abord les caractéristiques grammaticales des mots (le genre des noms, l'auxiliaire des verbes, etc.) et seulement ensuite les sons qui composent ce mot. Mais que veut dire au juste « d'abord » et « ensuite », combien de temps se passe-t-il normalement entre ces deux étapes, le comportement de sujets bien portants peut-il confirmer cette hypothèse dérivée de l'étude d'un patient au cerveau endommagé ? Cela, Dante ne peut nous l'apprendre. Nous allons donc nous tourner dans une autre direction.

L'affaire de 40 millisecondes

Nous venons de parler d'un patient qui, confronté à une image, trouvait toujours le genre masculin ou féminin de son nom alors qu'il ne savait souvent rien des sons le composant. Nous en avions conclu que lorsque nous parlons, nous accédons d'abord aux caractéristiques grammaticales des mots, puis aux sons qui les composent. Mais de tout cela, nous n'avons aucune intuition directe. Les choses vont trop vite : quand nous parlons, nous produisons deux à trois mots par seconde. Chacun de ces mots doit être choisi parmi les dizaines de milliers de mots que nous connaissons, inséré dans une phrase bien construite, accordé aux mots voisins, bien prononcé, etc. Tout cela exige une coordination très rapide et très complexe, dans laquelle notre introspection n'a guère le temps d'entrer. Comment donc vérifier que grammaire et sons se succèdent en deux étapes ? Comme nous avons pris cette question sous l'angle temporel et qu'il s'agit de décortiquer des processus extrêmement rapides, il est logique de faire appel à une méthode d'imagerie à haute résolution temporelle. En l'occurrence, Miranda Van Turennout et ses collègues ont fait appel à la technique des potentiels évoqués[7].

L'expérience est élégante mais sa description, même simplifiée, demande quelques explications (Figure 35). Il faut

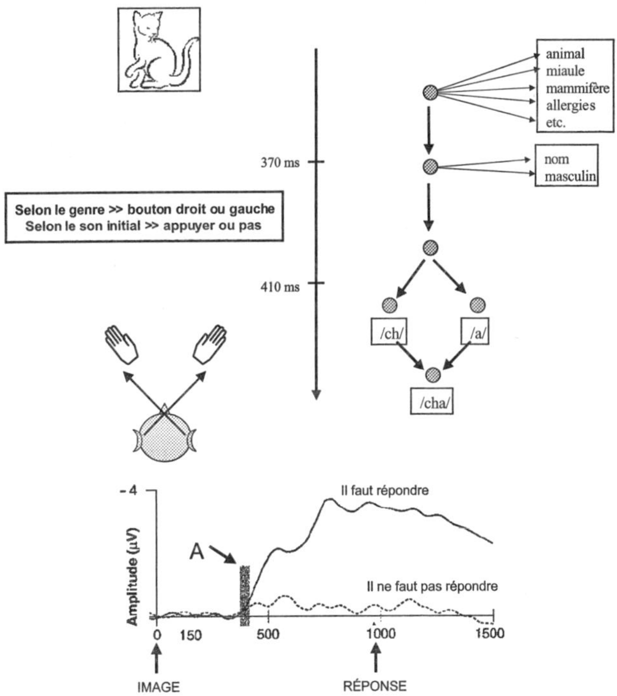

FIGURE 35 – *370 millisecondes après la présentation d'une image, l'onde de préparation de la réponse motrice est influencée par le genre (masculin ou féminin) du nom à produire. 40 millisecondes plus tard se manifeste l'influence des sons composant ce mot. Le rectangle (A) correspond à cette période de 40 ms pendant lesquelles les ondes de préparation montrent l'influence du genre mais pas encore celle du son. Van Turennout M., Hagoort P., Brown C.M., « Brain activity during speaking : From syntax to phonology in 40 milliseconds »,* Science, *1998, 280 : 572-574.*

savoir qu'en hollandais comme en français, il existe deux genres. Il ne s'agit pas du masculin et du féminin, il s'agit du « commun » et du « neutre » mais cela n'a aucune importance. Seul importe le fait que les noms ont un genre qui doit être récupéré au cours de la programmation de la parole, par exemple pour choisir le bon article ou conjuguer les verbes. Comme d'habitude, on présente à des sujets bien portants des images familières. Si le nom correspondant commence par le son « b », il leur faut appuyer sur un bouton : celui de droite si le nom est neutre, celui de gauche s'il est du genre commun ; si le nom commence par « s », ils ne doivent appuyer sur aucun bouton. Par conséquent, la réponse est déterminée à la fois par le genre (quelle main utiliser ?) et par les sons (appuyer ou ne pas appuyer ?). Les potentiels évoqués sont utilisés pour surveiller le déroulement de la *préparation* de la réponse, avant même que les sujets n'appuient effectivement sur un bouton. L'idée est de voir exactement dans quel ordre et avec quel décalage le genre et les sons interviennent dans ce processus. Pendant que les sujets font leur devoir, des électrodes mesurent donc une onde de préparation dans le système moteur correspondant à chacune des deux mains. Suivons le déroulement des événements.

D'abord, 370 ms après l'apparition de l'image, l'enregistrement révèle qu'une des deux mains se prépare à répondre : celle qui est déterminée par le genre grammatical du mot. Point essentiel, cette onde de préparation est identique, que le mot commence par « b » ou par « s ». Autrement dit, le système moteur « sait » déjà quelle main est susceptible de répondre, mais « ne sait pas » encore s'il va falloir appuyer ou pas. Quarante millisecondes plus tard, soit 410 ms après l'apparition de l'image, l'onde de préparation s'effondre pour les mots commençant par « s », puisqu'il ne faut appuyer sur aucun bouton. En revanche, elle continue à se développer jusqu'à la réponse effective pour les mots en « b ».

Il y a donc un décalage dans le temps (de 40 ms seulement) entre l'instant où la connaissance du genre devient disponible et celui où intervient la connaissance du son. Ce résultat concorde merveilleusement avec l'histoire du patient Dante. Il semble bien que pendant que nous parlons, l'accès à nos connaissances des mots se fasse par étapes. Ces étapes sont dissociables chez des patients aphasiques et l'on peut dépister leur succession rapide chez des sujets au cerveau indemne.

Voici un petit exercice. Dans une seconde expérience, Van Turennout a fait faire aux sujets la tâche opposée : le son « b » ou « s » détermine la main de réponse et le genre grammatical s'il faut appuyer ou pas. Et... les résultats attendus ont été observés ! Ce que nous venons de dire devrait permettre de répondre aisément à cette question : « Quelle est l'allure de l'onde de préparation mesurée par les électrodes dans ce cas ? »

Le choix des sons

Nous avons vu que certains patients aphasiques étaient incapables d'accéder à quelque information que ce soit concernant un mot, alors que d'autres patients restaient bloqués à mi-chemin de la récupération du mot. C'était le cas du patient Dante, ou à peu près notre cas à tous quand nous avons un mot sur le bout de la langue. Mais dans toutes ces situations, une fois que le mot est retrouvé, il est en parfait état de marche, beau comme un sou neuf. Quand on aidait Monsieur F., le commissaire priseur (page 169), en lui disant « le Premier ministre s'appelle Édouard... », il articulait le nom « Balladur » sans l'ombre d'une erreur ni d'une hésitation. Les étapes finales de son usine à mots étaient en effet intactes.

Malheureusement, tel n'est pas le cas chez tous les patients, des erreurs peuvent survenir jusqu'aux toutes dernières étapes de la production de la parole. Ainsi, Monsieur D. était un aphasique de Wernicke jargonnant[8]. Il régnait dans ses propos un chaos moins total que chez Monsieur S., que nous avons rencontré au début de ce livre (le « trontreuil bien décrandé »). Certes, certains de ses néologismes, les mots inexistants qu'il inventait, ne ressemblaient vraiment à rien. Ainsi, dans la phrase « j'émitréman de dire quelque chose », qui peut dire d'où sort « émitréman » ? Toutefois, on pouvait souvent reconnaître de véritables mots plus ou moins transformés : « quelques antées » au lieu de « quelques années » ; ou encore, devant l'image d'une tortue « la torpie, un amidjan qui va dans les jardins » ; une « alougrée » pour une araignée ; un « réveltil » pour un révolver, etc. Bref, Monsieur D. transformait les mots en substituant des phonèmes à d'autres. Naturellement, quand la plupart des sons étaient ainsi remplacés, le mot de départ était bien difficile à reconnaître, sinon parfois à son allure générale, au rythme de l'alternance des consonnes et des voyelles. S'il disait « fontère » au lieu de « ceinture », c'est pour avoir remplacé les sons « s » par « f », « in » par « on », « u » par « è ». De même, par leur structure, on peut comprendre que les mots « livre » et « norme » ont été lus « perte » et « dilne ».

Quelle était l'origine des erreurs de Monsieur D. ? Nous avons déjà vu que la transformation d'une image qu'on voit en un mot qu'on prononce se fait à travers une suite d'étapes successives. L'objet doit tout d'abord être analysé et identifié par le système visuel. Cela permet d'accéder à toutes les connaissances qu'on possède sur cet objet. On peut ensuite accéder au lexique, c'est-à-dire choisir le mot de la réponse. Il reste enfin à sélectionner les phonèmes qui composent ce mot, puis à établir un plan d'action pour les muscles de l'articulation. Qu'en était-il chez Monsieur D. ? Devant l'image d'une tortue, il reconnaissait bien la bête, trouvait le mot correct, mais ce mot n'allait pas activer les bons sons, les bons phonèmes : T, O, R, P, et I au lieu de T, O, R, T et U. On peut représenter cette situation comme un défaut de communication, une déconnexion partielle entre le niveau des mots et celui des sons du langage, qu'on appelle les « phonèmes » (Figure 34).

Avançons d'un dernier petit pas dans la chaîne de la parole. Monsieur W. ne savait plus dire que « nou », un peu comme l'illustre Monsieur Leborgne ne savait plus dire que « tan ». Et pourtant, il faisait de son mieux pour s'exprimer à l'aide de ses pauvres « nou ». En effet, nous avons remarqué qu'il utilisait souvent autant de « nou » qu'il y avait de syllabes dans le mot qu'il cherchait à articuler. Pour un « rhi-no-cé-ros », il disait « nou-nou-nou-nou », pour une « é-chelle » il disait « nou-nou », pour un « té-lé-phone », « nou-nou-nou » : autant de « nou » que de syllabes attendues. On peut interpréter ce phénomène dans le cadre du modèle auquel nous nous référons depuis le début. Juste avant de prononcer un mot, il faut préparer un plan d'articulation. Or la pièce élémentaire d'un plan articulatoire semble être la syllabe. Prononcer une syllabe, c'est faire un geste complet, harmonieux, avec son début, son milieu et sa fin. Si vous prononcez la syllabe « bar » par exemple, vous commencez par serrer les lèvres, puis vous faites monter la pression dans vos poumons et les tuyaux qui mènent à votre bouche, puis votre larynx commence à vibrer (il ne vibrerait pas encore si vous disiez « par »), puis vos lèvres s'écartent soudain, puis après cette explosion l'air s'écoule librement, toujours en vibrant, c'est le son « a », puis vous refermez en partie votre bouche, en bloquant partiellement le passage de l'air entre l'arrière de votre langue et votre palais, c'est le « r », et en diminuant la force du souffle jusqu'au silence. Le flux de la parole est constitué d'une succession de syllabes, d'ouvertures et de fermetures. La dernière phase (ou presque) de la programmation de la parole est la sélection et l'enchaînement de ces gestes moteurs de base que sont les syllabes. Imaginez maintenant qu'à la suite d'une lésion cérébrale le répertoire des syllabes disponibles soit réduit à une seule et unique syllabe : vous observerez ce que nous avons vu chez Monsieur Z. À la vue d'un rhinocéros, il identifie l'animal, puis accède à son nom. Il sait d'abord que c'est un nom masculin, puis qu'il contient les sons « r-i-n-o... ». Il regroupe ces sons en syllabes, mais en lieu et place de chaque syllabe, il ne peut prononcer que « non ».

Nous avons maintenant terminé notre descente des rapides (1/2 seconde au total) qui mènent depuis l'image que nous voyons jusqu'au mot qui sort de notre bouche (Figure 34). Nous avons disséqué les principales étapes et observé que les blocages à tel ou tel niveau ont des manifestations subtilement différentes. Une fois encore, ces pannes nous ouvrent une fenêtre irremplaçable sur la machinerie inconsciente et complexe qui nous permet de parler.

Mais il est temps de revenir à l'homme-thermomètre. Les mots n'étaient pas les seuls indices de son fonctionnement mental. Bien au contraire, nous avons vu que ses gestes étaient un élément central du paradoxe de son comportement. Monsieur Mathieu Z. utilisait normalement les couverts à l'heure du repas alors qu'il les baptisait « thermomètre » à d'autres instants : c'est ce phénomène qui nous a interloqués avant de nous conduire au diagnostic d'aphasie optique. Nous allons maintenant consacrer quelques pages à un examen plus détaillé des mains et des gestes de Monsieur Z.

CHAPITRE 8

Le langage des mains

Le conseiller impérial M. T.

Tout comme la neuropsychologie du langage sur l'illustre Monsieur Leborgne, dit « Tan-Tan », la neuropsychologie des gestes se fonde sur le cas princeps du conseiller impérial M. T. décrit par Hugo Liepmann en l'an 1900[1]. Ce patient souffrait de lésions cérébrales multiples, d'origine syphilitique, responsables non seulement de désordres du geste, mais aussi d'aphasie et d'amnésie. C'est pour ses difficultés gestuelles qu'il est entré dans l'histoire. Liepmann observa que, lorsqu'on lui demandait d'effectuer tel ou tel geste, M. T. semblait ne rien y comprendre. On voyait en effet sa main droite faire « des mouvements bizarres et déformés ». Plusieurs arguments convainquirent Liepmann qu'un défaut de compréhension des ordres n'était pour rien dans ces gestes étranges. En effet, M. T. exécutait de façon parfaite les ordres concernant le corps entier (comme « levez-vous et allez à la fenêtre »). En outre, lorsqu'on l'empêchait d'utiliser sa main droite et qu'il se trouvait contraint d'employer sa main gauche, il exécutait rapidement et correctement les ordres reçus ! Le problème ne se trouvait donc pas dans la compréhension de l'ordre mais bien dans le contrôle des gestes de la main droite. Liepmann constata d'ailleurs que ce handicap manuel apparaissait quelle que soit la manière qu'il avait de formuler son ordre, que ce soit oralement, par écrit, en miroir, etc.

Ce cas le conduisit à isoler le concept d'apraxie. Le simple fait que le conseiller M. T. était incapable d'exécuter correctement des gestes avec son hémicorps droit, sur ordre ou par imitation, alors que son comportement était satisfaisant lorsqu'il utilisait son hémicorps gauche, suffit à Liepmann pour conclure logiquement que les anomalies du geste ne résultaient ni d'une détérioration intellectuelle globale, ni d'un défaut d'identification visuelle des objets, ni d'un défaut de compréhension des consignes, qui auraient affecté tout autant les gestes réalisés par chacune des deux mains, mais d'une anomalie spécifique de la commande du mouvement, ou apraxie. L'apraxie conserve d'ailleurs jusqu'à présent cette définition négative, puisqu'elle recouvre toutes les anomalies du mouvement qui ne peuvent pas s'expliquer par un trouble moteur élémentaire (manque de force, raideur, tremblement...), ni par des troubles de la perception, ni par une aphasie ou une détérioration intellectuelle globale.

Dans les années qui suivirent, Liepmann étudia de façon systématique des séries de patients, distingua plusieurs variantes d'apraxie, discuta le rôle de diverses régions cérébrales, et développa une théorie des mécanismes cérébraux du contrôle du geste. Nous ne ferons qu'une incursion limitée dans le monde de l'apraxie et du geste à ce qu'il nous faut en apprendre pour apprécier les gestes de notre guide Monsieur Z., l'homme-thermomètre.

Trêve de paroles, des actes !

Imaginez que je vous demande de me passer une paire de ciseaux, un marteau et une règle posés près de vous. Vous saisirez ces trois objets à peu près de la même manière, entre le pouce et vos autres doigts, en ajustant votre main à l'orientation, la taille, la largeur, le poids supposés de ces outils. Si vous êtes droitier, et si les objets sont placés juste devant vous, vous utiliserez probablement votre main droite. En revanche, si vous *utilisez* ces mêmes objets, vous les saisirez tous les trois de manière très différente : vous glisserez le pouce et l'annulaire dans les anneaux des ciseaux avec la pointe loin de vous, vous empoignerez le marteau à pleine main avec la tête en haut, vous poserez le bout de vos doigts sur la règle pour la faire glisser. On voit là deux modalités bien distinctes de manipulation des objets. Dans la première, peu importe l'identité ou la fonction de l'objet ; seules comptent ses caractéristiques géométriques de forme, de taille, de position. Dans la seconde, le geste dépend étroitement de l'identification de l'objet : si vous n'aviez pas reconnu qu'il s'agissait de ciseaux, il n'est guère probable que vous les ayez attrapés comme il le faut.

Cette distinction entre deux types de gestes n'est pas sans rappeler la distinction que nous avions faite dans le système visuel entre les voies du « Où » (qui calculent les positions dans l'espace) et les voies du « Quoi » (qui déterminent les caractéristiques intrinsèques des objets). Quoi que vous vouliez faire d'un outil, l'utiliser ou simplement le passer à votre voisin, le système du « Où » est nécessaire pour diriger votre geste vers l'objet, bien placer votre main, etc. Quand il s'agit d'utiliser l'outil, vous avez en outre besoin d'un système du « Quoi » qui fonctionne bien. Seul lui vous révélera l'identité de l'objet et vous permettra de récupérer dans votre mémoire les gestes appris pour le saisir et l'utiliser comme il convient. Par exemple, la conformation précise de votre main sur un stylo n'est autre qu'un souvenir moteur, acquis à grand-peine lors de vos premières années d'école.

Des difficultés visuelles du « Où » et du « Quoi » devraient donc entraîner des problèmes bien différents dans la programmation des gestes impliquant des objets. Souvenons-nous du cas de Madame Hélène O. (page 83) dont le système du « Quoi » était intact mais le système du « Où » endommagé et qui ne parvenait plus à saisir un verre d'eau sans le renverser alors qu'elle n'avait aucun mal à reconnaître qu'il s'agissait d'un verre. Elle ne parvenait pas à ajuster la direction et l'amplitude de ses gestes en fonction des caractéristiques géométriques des objets qu'elle voyait. C'est ce qu'on appelle « l'ataxie optique ». La figure 36 montre des données obtenues par David Milner chez

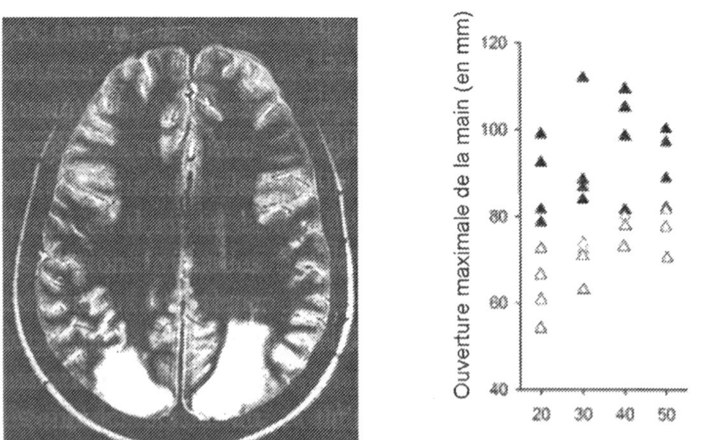

FIGURE 36 – *Cette patiente souffrait de lésions pariétales des deux hémisphères (système du « Où »). Le graphique montre que la taille de l'ouverture maximum de sa main n'était pas ajustée à celle des objets qu'elle saisissait (Milner A.D., Dijkerman H.C., Pisella L., McTutosh R.D., Tilikete C., Vighetto A., et coll., « Grasping the past. Delay can uniprove visnomoter performance »,* Current Biology, *2001 ; 11 : 1896-1901, 2001).*

une patiente du même type[2]. Normalement, lorsque vous avancez la main pour saisir un objet, l'ouverture maximale que vous lui donnez pendant ce trajet est très précisément corrélée à la taille de la cible. Chez cette patiente, cet ajustement visuo-moteur était inexistant. En revanche, une fois un objet placé dans sa main, elle n'avait aucune difficulté à le saisir et à s'en servir normalement.

Réciproquement, quelles sont les conséquences gestuelles d'un déficit du « Quoi » ? Plaçons-nous d'abord dans un cas extrême. Mel Goodale et son équipe[3] ont travaillé avec une patiente, âgée de 34 ans, victime d'une intoxication à l'oxyde de carbone (c'est ce qui a tué Émile Zola : il faut se méfier des vieux poêles !). Cette patiente, Madame D.F., souffrait de troubles de la perception visuelle extrêmement sévères : son champ visuel était presque normal, mais elle ne pouvait construire qu'une image très dégradée du monde extérieur, elle ne percevait plus les contours et les formes des objets. Elle était tout à fait incapable de reconnaître les visages, d'identifier les choses, ou même de distinguer des figures géométriques très simples les unes des autres, par leur forme, leur taille, leur orientation. Une IRM de son cerveau révélait des lésions de la partie basse de ses lobes occipitaux droit et gauche, c'est-à-dire de la racine même de son système du « Quoi ». Or, grâce à une série de tâches ingénieuses, les neuropsychologues ont montré que, malgré ces troubles visuels majeurs, Madame D.F. pouvait ajuster certains de ses gestes avec une précision normale.

La figure 37 illustre un test qui fait appel à une sorte de boîte aux lettres qui a ceci de particulier que l'orientation de sa fente varie d'un essai à l'autre au gré de l'expérimentateur. Quand on demandait à Madame D.F. de regarder la boîte et de décrire l'orientation de la fente, elle en était tout à fait incapable. Elle semblait ne pas voir, et ne pas savoir, dans quelle direction était inclinée l'ouverture. Si maintenant, sans lui poser la moindre question, on lui donnait des cartes à poster dans cette même boîte, elle orientait sans hésitation sa main avec la plus grande précision, pour introduire la lettre en s'ajustant aux changements imprévus d'orientation ! Miraculeux, mais logique. En effet, son système du « Où » était intact, et c'est justement ce système qui permet les transformations visuo-motrices fondées sur la géométrie du monde, qui dirige et ajuste le geste en direction d'un objet, le degré d'ouverture de la main en fonction de la taille de la cible, etc.

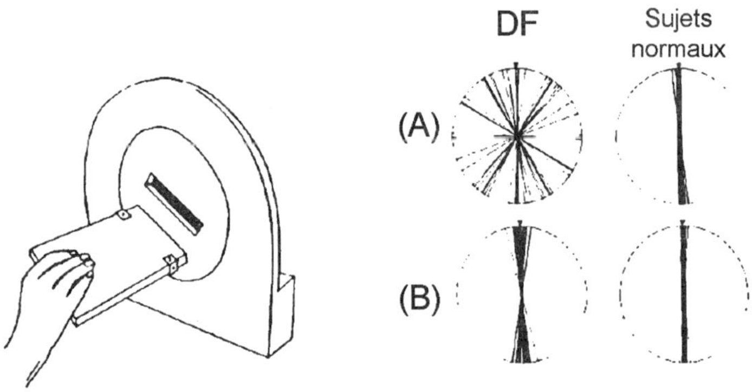

FIGURE 37 – *Mme D.F. souffrait de lésions occipito-temporales des deux hémisphères (système du « Quoi »). Elle était incapable de décrire explicitement l'orientation d'une fente (A). Pourtant, elle montrait une précision normale quand il s'agissait de glisser effectivement une carte dans la fente (B). Le système du « Où » guidant l'ajustement visuo-moteur était intact (Goodale M.A., Meenan J.P., Bülthoff H.H., Nicolle D.A., Murphy K.J., Racicot C.I., « Separate neural pathways for the visual analysis of object shape in perception and prehension »,* Current Biology, *4 : 604-610, 1994).*

La femme qui ne savait plus manger

Admettons maintenant que le système du « Quoi » et le système du « Où » soient tous deux intacts. Les gestes seront-ils forcément normaux pour autant ? Certes non ! Souvenons-nous de la grande idée de Liepmann, selon laquelle on pouvait perdre sa capacité à programmer ses gestes en l'absence de tout problème de langage, de vision, d'intellect, etc. Restons sur l'exemple de l'utilisation d'outils. Madame Y. avait été victime, au cours d'une intervention chirurgicale bénigne, d'un arrêt cardiaque transitoire, responsable de lésions cérébrales difficiles à localiser précisément. À son réveil, elle n'était ni paralysée, ni aphasique, ni amnésique. Pour son malheur, elle présentait toutefois un éventail de troubles neuropsychologiques extrêmement invalidants : difficultés à se repérer dans l'espace, troubles du calcul et de l'écriture, apraxie sévère. La plus grande partie s'estompa au cours des semaines suivantes, mais l'apraxie persista et resta longtemps grave.

La plupart des patients apraxiques ne sont pas trop gênés dans leur vie quotidienne. Seuls les gestes inhabituels ou difficiles que les neurologues leur demandent de faire leur posent réellement des problèmes (toucher le bout de l'annulaire gauche avec le pouce droit...). Malheureusement, la situation de Madame Y. était plus préoccupante, puisque même l'utilisation des objets les plus familiers lui était interdite. Elle ne savait plus utiliser des ciseaux, une fourchette, mettre ses lunettes. Initialement, elle était même incapable d'utiliser toute seule un rouleau de papier toilette. On imagine la gravité de sa dépendance. Pourtant, sa maladie fut bien difficile à faire reconnaître par la Sécurité sociale et les assurances. En effet, un examen sommaire ne montrait aucun déficit neurologique élémentaire, paralytique, visuel ou autre. Comment une patiente qui entre sur ses deux jambes dans votre bureau, vous reconnaît, vous salue, raconte son histoire médicale de façon sensée et précise, et bouge les doigts quand on le lui demande, pourrait-elle ne plus rien savoir faire d'utile de ces mêmes dix doigts ?

Avec Angela Sirigu, nous avons essayé de cerner de façon plus précise le problème[4]. Tout d'abord, ces difficultés ne s'expliquaient pas par un défaut de reconnaissance visuelle des objets : devant une paire de ciseaux, Madame Y. pouvait vous dire : « Ce sont des ciseaux, ça sert à couper du papier, j'en ai chez moi. » Il ne s'agissait pas non plus d'une maladresse générale, d'une incapacité à ajuster ses mouvements. En effet, quand elle devait simplement saisir des objets placés devant elle pour les donner à quelqu'un qui lui faisait face, elle visait l'objet avec une précision parfaite et réglait l'ouverture de ses doigts en fonction des dimensions et de l'orientation exactes de la cible. Son problème concernait spécifiquement les gestes d'utilisation. Plus précisément, elle avait perdu le souvenir de la conformation manuelle propre à l'usage des objets. Elle ne savait plus comment placer sa main sur une cuiller mais l'empoignait à pleine main, comme un petit enfant (Figure 38). Je l'ai vue, perplexe et désemparée, glisser un doigt de chaque main dans les anneaux de ciseaux, puis les tourner en tous

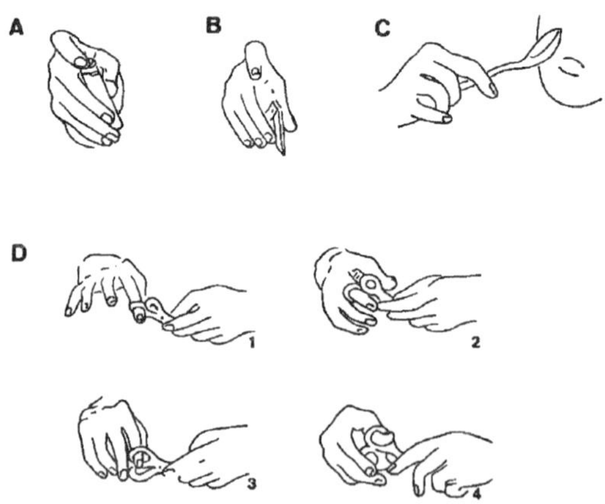

FIGURE 38 – *Madame Y. ne savait plus comment placer sa main sur les objets familiers comme un briquet, un coupe-ongles ou une cuiller (A, B, C). On voit (D) plusieurs tentatives successives de saisie d'une paire de ciseaux. Elle finit par les saisir à deux mains pour pouvoir en montrer le fonctionnement. Sirigu A., Cohen L., Duhamel J.-R., Pillon B., Dubois B., Agid Y., « A selective impairment of hand posture in objects utilization praxia »,* Cortex, *1995, 31 : 41-55.*

sens, saisir à pleine main les deux bouts d'une des deux lames, et ainsi de suite. Elle avait perdu tout souvenir des postures manuelles correctes, pas simplement la capacité de les réaliser. Quand nous saisissions devant elle des outils, tantôt d'une façon adéquate, tantôt d'une façon inappropriée, elle était incapable de reconnaître lesquelles étaient bonnes et lesquelles mauvaises.

Nous avons entrouvert la boîte de Pandore de l'apraxie. En nous limitant aux gestes impliquant des objets, nous avons vu qu'un système visuel du « Où » est toujours utile pour viser et ajuster les gestes, et que le système du « Quoi » est nécessaire pour reconnaître les objets et donc accéder aux gestes familiers. Naturellement, encore faut-il qu'on ait gardé le souvenir de ces mouvements, souvenir que Madame Y. avait perdu. Munis de cette grille de lecture, revenons aux gestes de Monsieur Mathieu Z.

Gestes et enseignements de l'homme-thermomètre

Au cours de notre mémorable entretien, Monsieur Z. a été conduit à manipuler des objets dans deux circonstances. Tantôt il s'agissait de gestes d'utilisation, lorsqu'il écrivait avec un crayon ou piquait avec une fourchette, tantôt il manipulait les objets tout comme d'autres un caillou aux formes curieuses, illustrant ses explications grotesques sur le fonctionnement de thermomètres imaginaires. Notons aussi qu'en toutes circonstances, ses gestes étaient adroits et circonspects : il saisissait délicatement les instruments entre ses doigts, les tournait, les retournait et les manipulait sans jamais les laisser tomber ni les écraser. On peut donc conclure que tout son système de contrôle des gestes était en lui-même intact puisque aucun type de geste ne lui était impossible. Les difficultés ne commençaient que dans les circonstances précises où l'amorce des gestes dépendait de l'identification d'un objet par le système du « Quoi » de l'hémisphère gauche, qui était chez lui hors service.

Lorsqu'il cherchait à nommer les objets que je lui présentais, Monsieur Z. essayait de mettre en route le même réseau cérébral qu'avant son accident vasculaire. Il s'appuyait donc sur les renseignements fournis par son système visuel gauche pour trouver le nom... sans succès évidemment puisque ce système était détruit. Mais pas plus que le nom il ne récupérait l'utilisation de l'objet cible. Jamais nous ne l'avons vu dire « c'est un thermomètre » tout en saisissant une fourchette comme une fourchette ou des ciscaux comme des ciseaux. Lorsqu'il cherchait à m'expliquer le fonctionnement de ses thermomètres, plus aucune information du « Quoi » n'était nécessaire. Les caractéristiques géométriques anonymes de l'objet suffisaient à piloter ses gestes. Le système du « Où » en assurait le contrôle. Or les régions cérébrales du « Où » étaient intactes dans les deux hémisphères. C'est pourquoi, alors même qu'il n'avait aucune idée de la nature réelle de l'objet, qu'il était perdu dans une divagation thermométrique, il était capable de piloter précisément le mouvement de chacune de ses mains vers les objets, de les saisir finement, de les manipuler de façon adroite.

Cette connaissance, même par l'hémisphère gauche, des caractéristiques de type « Où » des objets transparaissait aussi dans ses discours. Voici quelques citations choisies de la scène primitive :

On met *cette partie* dans la température à mesurer.

La température s'indique *là-dessus.*

Il faut plonger *le tout.*

On verrait la température qui apparaît *là-dessus.*

Le thermomètre qui se trouve *là*.

La température s'indique *là*.

Le thermomètre se trouve *là-dedans*.

Ces quelques mots sont tirés des commentaires étranges de Monsieur Z. pour expliquer le fonctionnement thermométrique d'une fourchette, d'un peigne, d'une salière... On observera que lorsqu'il se référait à l'objet, il n'employait que des termes d'espace, de position, en un mot des termes du « Où », et ces termes étaient toujours pertinents : il montrait le dessus en disant « là-dessus », l'intérieur en disant « là-dedans », etc. En revanche, jamais il n'utilisait des termes de l'ordre du « Quoi » comme couvercle, bouchon, manche, dents, etc. Bref, son hémisphère gauche divaguait et délirait sur le « Quoi » mais agissait et parlait exactement dans le domaine du « Où ».

En revanche, quand Monsieur Z., sans un mot, saisissait sa fourchette pour se nourrir, piquait un morceau de carotte et le portait à sa bouche, comme je l'ai suggéré, c'était son hémisphère droit intact qui reconnaissait le couvert et le choisissait parmi les objets disposés sur la table. Tout le réseau cérébral mis en œuvre dans ces circonstances s'appuyait donc sur un système de la vision fonctionnel. C'est ce qui permettait notamment de récupérer la mémoire du geste de préhension précis qui permettait d'utiliser l'outil, le système du « Où » contribuant à l'ajustement du mouvement.

Nous avons un indice assez direct que ce scénario est consistant. On se souvient que, lorsque je lui demandais d'écrire, de se laver les dents, de boire du café, Monsieur Z. saisissait *toujours* l'instrument de sa main *gauche*, et cela bien qu'il fût droitier. Ensuite, il le faisait passer dans sa main droite pour s'en servir. C'est donc bien l'hémisphère droit, le pilote de la main gauche, qui assurait le démarrage de la séquence d'actions.

CHAPITRE 9
Perseverare diabolicum

Radotage

Le trait le plus frappant du comportement de Monsieur Mathieu Z. n'est pas qu'il parlait de thermomètres, mais qu'il ne parlait que de ça. C'était d'ailleurs la particularité la plus curieuse des propos qu'il tenait : à chaque question ou presque, il répondait en parlant de thermomètres. Qu'on lui montre un objet ou un autre, une brosse ou une salière, tout n'était pour lui que thermomètre. C'était bien là le plus remarquable de son comportement verbal : dans une tâche de dénomination d'objets, le mot thermomètre revenait encore et toujours, alors qu'une réponse bien différente était attendue. L'anomalie la plus frappante était sans conteste que Monsieur Z. manifestait une sorte de fixation irrépressible et inexplicable sur les thermomètres, qui contaminait ses propos tout au long de notre entretien.

Un lecteur attentif aura noté, à la lecture du paragraphe précédent, une fâcheuse tendance de l'auteur à tirer à la ligne : une demi-douzaine de phrases qui se suivent et qui disent toutes la même chose. S'il a l'œil du neuropsychologue, il portera ce diagnostic : cet auteur persévère ! Si la persévérance est, paraît-il, une vertu, les persévérations sont une maladie, ou plutôt un symptôme.

La répétition est un trait omniprésent du comportement normal de l'animal et de l'homme, depuis le mouvement rapide de la marche jusqu'aux cycles longs, asservis aux rythmes des jours et des saisons. Mais au-delà de ces régularités routinières, les espèces les plus évoluées, douées d'un système cognitif complexe, sont capables d'adaptation à un environnement infiniment variable. La neuropsychologie est riche de toutes sortes de « pannes de l'adaptation », révélées par un excès de comportements répétitifs. Nous allons passer en revue quelques exemples de comportements répétitifs apparus à la suite de lésions cérébrales, et comme d'habitude nous essaierons ensuite d'interpréter dans les mêmes termes les persévérations thermométriques de Monsieur Z.

Avant tout, mettons à part, pour n'en plus parler, un phénomène différent des persévérations. Nous en avons vu un exemple illustre avec Monsieur Leborgne, le mythique patient de Paul Broca. Son répertoire verbal était réduit à la formule stéréotypée « tan-tan ». D'autres stéréotypies sont passées à la postérité avec leurs locuteurs : Valery Larbaud, qui pendant les quarante années qui ont suivi son accident vasculaire cérébral ne dit rien d'autre qu'un « Adieu les choses d'ici bas » ; ou Charles Baudelaire, qui se contenta d'un perpétuel « Crénom ! ». Il s'agit là d'une réduction extrême du répertoire verbal disponible, tournant en boucle sans issue. Les persévérations, contrairement à ces stéréotypies, ne se définissent pas par une réduction du champ des actions possibles, mais par la persistance temporaire d'un élément de comportement alors qu'on attendrait un changement adapté aux circonstances.

Si l'on consulte l'index d'un manuel de neuropsychologie à la recherche du terme « Persévération », on est directement renvoyé au chapitre « Syndrome frontal ». Qu'est-ce à dire ? La seule référence que nous ayons faite jusqu'à présent au lobe frontal concernait le langage et la région de Broca. Mais si l'on observe un schéma de profil du cerveau, on constate qu'il y en a encore beaucoup devant la région de Broca. C'est cette partie avancée des lobes frontaux qui est souvent impliquée dans les comportements répétitifs. Nous allons donc découvrir ce genre de persévérations et nous demander si elles correspondent à celles, thermométriques, de Monsieur Mathieu Z. Puis, constatant que ce n'est pas le cas, nous passerons à d'autres variantes de persévérations, jusqu'à ce que nous trouvions ce que nous cherchons.

Ne dites pas « chaussette » !

Souvenons-nous que Gall et ses prédécesseurs avaient été conduits à comparer des crânes humains et d'autres animaux. Souvenons-nous aussi que la différence la plus frappante concernait le développement considérable de la région frontale chez l'homme (Figure 3). Pour être plus précis, le développement le plus important concerne ce qu'on appelle « le cortex préfrontal », c'est-à-dire toute la partie du lobe frontal située en avant des régions vouées à la commande des mouvements du corps. À quoi sert donc ce cortex préfrontal ? La région préfrontale représente chez l'homme pas loin du tiers de l'ensemble du cortex cérébral, contre environ 12 % chez les grands singes comme les gorilles. Il ne faut donc pas s'attendre à pouvoir résumer fidèlement en une phrase l'étendue et la variété de ses fonctions. Pourtant, une ou deux idées simples devraient suffire à comprendre pourquoi la destruction de cette région entraîne, entre autres problèmes, des comportements persévératifs.

Pour avoir une idée générale des fonctions du cortex préfrontal, partons d'un domaine maintenant familier : la lecture de mots. Quand notre regard se porte sur un mot imprimé, celui-ci s'engouffre dans notre système visuel, parcourt les régions visuelles primaires jusqu'au cortex inféro-temporal, puis bondit vers les régions du langage, où il est reconnu, compris et prononcé, soit à voix haute, soit à voix basse dans le secret de notre murmure intérieur. Ce mot a suivi un *pipe-line*, un tapis roulant, une autoroute : nous avons été éduqués à lire les mots aussitôt que nous les voyons, nous ne pouvons pas nous en empêcher, même volontairement. Nous serions bien en peine de ne pas prononcer dans notre for intérieur le mot « chaussette », même si nous essayons de n'y voir qu'un ensemble de petits traits noirs tracés au hasard sur la feuille. C'est l'exemple d'un enchaînement rigide d'événements mentaux, mis en branle par un stimulus donné (la vision d'une suite de lettres) et aboutissant irrémédiablement à une réponse (l'évocation du mot correspondant).

Mais d'autres chaînes mentales sont beaucoup moins solidement préétablies, voire demandent à être créées de toutes pièces pour faire face à une situation inédite. Restons dans les choses simples ! Regardez vos chaussettes ! Cette vision n'entraîne pas une réponse mentale impérative et irrépressible, hormis sans doute le fait de reconnaître qu'il s'agit de chaussettes. Parmi l'infinité de choses que vous pouvez éventuellement faire, vous pouvez énoncer la couleur de vos chaussettes : « Rouge ! » Observez que nommer la couleur de vos chaussettes résulte d'une chaîne d'événements mentaux beaucoup moins impérative et routinière que lire le mot « chaussettes » présent à votre regard.

Que se passe-t-il si nous mettons en concurrence une puissante routine comme la lecture et un comportement moins automatisé, comme dire la couleur d'un objet ? C'est précisément ce que détermine un test inventé par J. R. Stroop en 1935[1] (Figure 39, voir hors-texte). Il est facile de nommer les couleurs des taches de la première colonne. Il est aussi très facile de lire les noms de couleurs de la deuxième colonne. En revanche, donner la couleur de l'encre utilisée pour écrire les mots de la troisième colonne demande de l'attention et des efforts : la dénomination est lente et les erreurs ne sont pas rares. Devant le mot « bleu » écrit en rouge, on a le sentiment très net qu'il faut refréner la tendance prédominante à lire le mot « bleu » pour donner la couleur de l'encre. La raison de cette difficulté est justement le conflit entre un comportement précâblé prédominant (nommer le mot écrit) et le comportement nouveau que demande la tâche (nommer la couleur). Or le cortex préfrontal joue un rôle essentiel dans ce genre de situations, il permet justement d'échapper aux comportements routiniers et précâblés. Un patient dont le cortex préfrontal est lésé est incapable de s'empêcher de lire le mot « bleu », alors qu'il est supposé nommer la couleur (rouge) de l'encre. Pourquoi ?

Pour simplifier son anatomie compliquée, nous dirons que le cortex préfrontal reçoit des connexions de presque tout le cerveau et en renvoie à son tour aussi dans presque tout le cerveau (Figure 40). Ces liens multiples lui permettent d'exercer un contrôle sur les processus mentaux et d'aiguiller le fonctionnement cérébral dès que la routine des chaînes de comportement préétablies n'est plus appropriée[2]. Dans bien des cas, les automatismes les mieux rodés, qui ne demandent ni attention ni invention, sont parfaitement appropriés. Quand vous conduisez une voiture, ces automatismes, qui peuvent être très

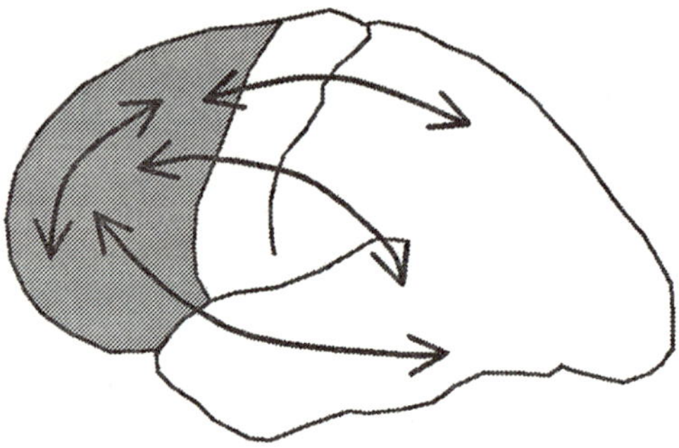

FIGURE 40 – *Le cortex préfrontal échange des connexions avec presque tout le cerveau et aiguille le fonctionnement cérébral dès que les routines de comportement ne sont plus suffisantes.*

élaborés, vous permettent de réagir de façon opportune à la plupart des événements, feux rouges ou croisements. Le cortex préfrontal n'a pas grand-chose à faire pendant ce temps, il peut s'occuper d'autre chose que la conduite de la voiture. C'est pourquoi il vous est sans doute arrivé de vous retrouver à destination sans avoir gardé le moindre souvenir du trajet, pendant lequel vous avez pu réfléchir à l'organisation de vos prochaines vacances. Tout a été pris en charge par des routines coordonnant de manière experte vos systèmes sensoriels et moteurs. Mais il arrive que la routine ne suffise plus, par exemple en cas de conflit entre deux routines contradictoires : vais-je m'arrêter au feu rouge ou bien continuer pour laisser passer le SAMU ? Un contrôle, un arbitrage, est alors nécessaire. Le cortex préfrontal doit détecter le conflit, projeter dans l'avenir les conséquences des différentes options, évaluer leur probabilité de succès ou leur valeur morale, déclencher les aiguillages cérébraux pour que l'action optimale soit mise en œuvre. Si nécessaire, cette intervention devra inhiber l'exécution de comportements routiniers. Le test de Stroop que nous venons de découvrir est une version minimale de ce genre de conflit, à l'usage des gens de laboratoire : afin de respecter les consignes, il faut inhiber la réponse de lecture dominante pour en favoriser une autre, moins automatique.

Encore une remarque très générale. Prendre les commandes du comportement quand la routine ne convient plus suppose que le cortex préfrontal mobilise le cerveau vers un but ou selon des principes internes, et surmonte les automatismes suscités par l'environnement immédiat. Il s'avère donc essentiel pour l'application continue des règles de comportement et le maintien des objectifs de l'action, pendant tout le temps nécessaire à atteindre le but fixé. Dans le cas du test de Stroop, le contrôle des aiguillages cérébraux suppose donc que la consigne soit gardée présente en permanence : nommer la couleur de l'encre.

Voyons maintenant quelques exemples des conséquences de lésions du cortex préfrontal, en particulier pourquoi et comment les persévérations en sont un des traits de comportement typiques.

Le mari vorace et le petit chaperon rouge

Je reçois en consultation Monsieur et Madame T., âgés de 70 ans environ. Au premier abord, rien ne m'indique lequel est malade : tous deux sont bien mis, souriants, valides. Alors que j'amorce l'entretien : « Est-ce vous madame, ou vous monsieur, qui venez consulter ? », la femme jette un regard de biais vers son mari et dit : « Ah non, c'est pour lui ! » J'adresse alors à Monsieur T. quelques questions banales : « De quoi souffrez-vous ? Pourquoi venez-vous me voir ? Etc. » Il me répond volontiers : tout va bien, tout se passe bien, c'est sa femme qui l'a amené, mais lui, non, il ne voit pas ce qui n'irait pas. C'est alors que Madame T. commence son récit.

Il y a deux ans, lui qui était auparavant si actif et bricoleur, a commencé à sombrer dans l'oisiveté, et depuis, les choses n'ont cessé d'empirer. Il ne fait absolument plus rien de lui-même. Il peut passer des journées entières assis dans un fauteuil si elle ne l'emmène pas en promenade. Si la télévision est allumée, il la regarde, mais ne prend même pas l'initiative de l'allumer lui-même. Il répond de façon sensée aux questions qu'elle lui pose, mais n'engage lui-même jamais la conversation. Aux réunions de famille, il semble ne plus s'intéresser à personne. En revanche, il se jette sans retenue sur la nourriture et la boisson, au point qu'elle en a honte. Et pourtant, il ne semble pas malheureux, jamais triste, il ne paraît pas s'ennuyer. Depuis quelques mois, Monsieur T. ne prend même plus l'initiative de fairc sa toilette et de s'habiller. Sa femme doit le piloter à chaque étape : « Mets tes chaussettes ! Mets tes chaussures ! Rase-toi ! Etc. » Tout cela, il sait le faire, il le fait même tout à fait correctement, mais sans en prendre l'initiative. Pire encore, si sa femme ne lui rappelle pas périodiquement d'aller aux toilettes, il urine dans son pantalon, sans paraître autrement gêné.

Avant de poursuivre cette consultation, un mot de diagnostic. Monsieur T. souffre d'une maladie assez rare, consistant en une dégénérescence des neurones de l'avant des lobes frontaux, c'est-à-dire de la région préfrontale. Il s'agit d'une maladie dont l'aggravation est lente, progressive mais irréversible, malheureusement sans traitement efficace à ce jour. Il semble que ce soit fondamentalement la même maladie que la démence sémantique dont nous avons vu des exemples, les lésions ont cependant une localisation différente dans les régions frontales plutôt que temporales. Ce que nous venons de voir est un des versants du « syndrome frontal » : il s'agit de la perte de toute initiative autonome. En résumé, on pourrait dire que de lui-même, Monsieur T. ne fait plus rien, alors même qu'il est potentiellement capable d'actions et de discours normaux. C'est en effet le cortex préfrontal qui prend normalement l'initiative d'activités nouvelles, planifiées afin d'atteindre un but signifiant. Or Monsieur T. ne se crée plus aucun but propre. Il n'agit donc qu'en réponse à des circonstances extérieures qui déclenchent chez lui des comportements routiniers.

Mais son cas illustre une autre facette du rôle du cortex préfrontal : inhiber, bloquer, arrêter ces activités automatiques, sortes de réflexes élaborés, dont la réalisation ne demande justement aucune initiative. Ainsi, aux réunions de famille, Monsieur T. s'empiffrait-il sans mesure, simplement parce que de la nourriture se trouvait là, alors que la bienséance sociale eut demandé qu'il inhibât et contrôlât l'expression de son appétit.

En l'absence d'initiative autonome et d'inhibition des automatismes, le comportement d'un patient « frontal » se trouve donc anormalement soumis à son environnement[3]. Celui-ci peut prendre la forme de *quelqu'un* d'autre, comme l'épouse qui doit le téléguider du matin au soir, ou de *quelque chose* d'autre. Un simple objet peut prendre l'initiative en lieu et place du patient lui-même. Nous allons voir que cette dépendance par rapport à l'environnement prend d'ailleurs des proportions stupéfiantes. Reprenons le fil de la consultation.

Je retire mes lunettes et je les tiens en l'air entre Monsieur T. et moi-même. Je regarde les lunettes, sans rien demander de particulier à Monsieur T. Celui-ci prend mes lunettes, les retourne entre ses doigts, puis les place sur son nez, par-dessus ses propres lunettes. Ce qui lui fait deux paires. Je prends alors les lunettes d'une étudiante qui assiste à l'entretien, et une fois encore, je les tiens devant Monsieur T. Il s'en empare, sans poser de questions, et les place sur son nez, calmement. Il porte maintenant trois paires de lunettes. Nous arrêtons là l'escalade et chacun récupère ses lunettes. Le cortex préfrontal n'inhibe plus la collection et l'utilisation des objets. Ceux-ci prennent le pouvoir, et l'on se retrouve avec trois paires de lunettes sur le nez en train de boire un quatrième verre d'eau sans avoir soif.

Toujours face à Monsieur T., j'ouvre largement mes deux mains et je place mes pouces sur mes tempes. Il me dévisage brièvement, apparemment sans s'étonner de ma ressemblance avec un élan, puis se met sans hésiter dans la même posture que moi. Alors je ferme les poings et, devant moi, je frappe de façon répétée mon poing droit avec mon poing gauche. Monsieur T. fait aussitôt de même avec ses mains. Je me lève, les bras en croix. Me voyant, Monsieur T. se lève et, les bras en croix, me fait face. Que s'est-il passé ? Le comportement de Monsieur T. a été totalement asservi par ce qui se passait autour de lui : il voit un objet, il s'en empare et l'utilise ; il voit un geste, il l'imite. Sous le gracieux nom d'« écholalie », le même phénomène existe dans le langage : lorsqu'on leur pose une question, les écholaliques commencent souvent par répéter (c'est-à-dire imiter) la fin de la question avant, éventuellement, d'y répondre. « – Il fait beau aujourd'hui ? – Beau aujourd'hui... Non, il pleut. »

Comme les deux faces d'une même pièce, d'une part le comportement de Monsieur T. n'est plus assez guidé par des initiatives autonomes (il ne fait rien de lui-même) et d'autre part il est beaucoup trop dépendant des sollicitations extérieures (il imite et utilise). Mais pour les mêmes raisons, il est également trop dépendant... de son propre passé. L'inertie cognitive rend difficile le passage d'une activité à l'autre et empêche la mise en route d'activités spontanées. Le comble de la soumission à la routine est de répéter sans cesse la même action. Cela explique qu'un des symptômes les plus évocateurs d'une lésion préfrontale soit l'existence de persévérations. C'est clairement visible dans un examen clinique qui comprend d'habitude une succession de tests très variés. Par exemple, je dicte quelques mots à Monsieur T. qui les écrit sans erreurs. Je lui demande ensuite de dessiner une petite maison. Au lieu de faire un dessin, il écrit le mot « maison ». De crainte qu'il n'ait pas compris, je lui répète ma demande, précisant bien qu'il ne faut pas faire de lettres, mais seulement un dessin. Il approuve, et commence à dessiner un toit, puis un mur… qui se transforment sous mes yeux en un grand M, bientôt suivi par le reste du mot. Il est facile de trouver d'autres exemples. Après avoir fait quelques additions, un patient n'arrive pas à changer d'opération et continue d'additionner sans fin au lieu de faire les soustractions demandées. On demande à un autre patient, qui vient de réciter les jours de la semaine, de réciter les mois de l'année, en lui donnant l'exemple : « Allez-y… janvier, février… » Il enchaîne : « Janvier, février… mercredi, jeudi… »

Un autre test classique consiste à demander aux patients d'énumérer en une minute le plus grand nombre possible de noms d'animaux. On en donne souvent un ou deux pour amorcer la pompe : « Allez-y, chien, chat… » Typiquement, un patient « frontal » pourra répondre : « Chien, chat… chat… une vache… un veau… un chat… une vache… un chien… » et malgré quelques relances, ne pas arriver à trouver d'autres exemples. La liste est pauvre et envahie de chats et de vaches persévérants. En revanche, ce même patient pourra me donner sans erreurs les noms de cinquante animaux dont je lui montrerai les images. Pourquoi donc ? Ce test ne fait pas appel à un usage normal et automatique du langage. Habituellement, nous sortons de notre lexique mental le mot « pingouin » quand nous avons une bonne raison de le faire : nous voyons un pingouin, nous rédigeons un traité sur la faune antarctique, etc. Nul besoin de lobe préfrontal pour cela. Mais la froide énumération, hors contexte, du maximum d'animaux demande une stratégie active, originale et innovante d'exploration du dictionnaire mental. Je commence par exemple par les animaux de la ferme, d'abord les gros, jusqu'à ce que je n'en trouve plus, puis je passe aux oiseaux de basse-cour, jusqu'à ce que je n'en trouve plus, puis aux oiseaux sauvages, puis aux animaux africains, les carnivores, puis les herbivores, etc. Chez les patients « frontaux », cette créativité, cette flexibilité cognitive, sont réduites.

Le discours qu'ils élaborent dans des circonstances plus naturelles, moins contextualisées que ces petits tests, reflète bien la combinaison de tous ces problèmes : inertie qui rend le récit pauvre et succinct, difficulté de planification qui le rend incohérent et décousu, défaut d'inhibition des réponses passées révélé par des persévérations. Nous demandions à un autre patient « frontal » la description écrite d'une image représentant deux enfants en train de dérober des gâteaux dans un placard alors que leur mère fait la vaisselle devant un évier qui déborde. Il écrivit alors : « Le gamin range la vaisselle. Le fils bascule sur le tabouret. Le fils range la vaisselle devant la fenêtre. Le tabouret déborde. Devant la fenêtre. La salade range le tabouret. La fenêtre est ouverte. Le tabouret est sur les assiettes. La porte est fermée. » Les éléments du puzzle étaient corrects : il y avait en effet un tabouret, de la vaisselle, un petit garçon sur un tabouret qui bascule, etc. Mais ces fragments se succédaient dans le plus grand désordre, et le tabouret, mis à toutes les sauces, persévérait encore et encore.

Un autre test fort classique consiste à demander aux patients de raconter l'histoire du petit chaperon rouge. Je n'ai jamais été convaincu que tous les hommes d'âge mûr bien portants soient encore capables de raconter cette histoire (s'ils l'ont jamais connue), mais enfin, tel est l'usage. À un autre patient, souffrant lui aussi d'une variante de syndrome frontal, nous avions donc demandé sa version du petit chaperon rouge. Point important, au cours des minutes précédentes, il avait dû nommer diverses images, dont un lézard, une limace et une chauve-souris. Voici donc le dialogue. « – Racontez-moi s'il vous plaît l'histoire du petit chaperon rouge. – C'est un petit chaperon rouge qui était mignon, qui était tout petit, qui mangeait des limaces, qui était à sécher, qui se mettait au soleil le soir comme ça, pour attraper les insectes. Et il était mignon et on l'observait de loin... et il observait, et de temps en temps il se mettait debout et il attrapait un petit peu... » Après un moment d'incompréhension totale, il apparaît qu'en fait le patient continue à broder sur le thème du lézard, qu'il avait décrit quelques minutes auparavant, se mettant au soleil, attrapant des insectes, etc. Il y a peut-être une contamination par l'humanité bipède du petit chaperon rouge, puisque le lézard du récit se met debout pour saisir sa proie. Quant à la limace, elle faisait aussi partie des images vues peu avant mais pas du régime des lézards communs. L'entretien reprend. « – Et qu'est-ce qui lui arrive à ce petit chaperon rouge ? – Le petit chaperon rouge est mort... – Ah, vraiment ? – Oui, au bout d'un moment il a vieilli [...], et il s'est fait attraper par une sorte de volant, de chauve-souris. – Mais dites-moi ce que c'est que le petit chaperon rouge. – C'est une petite fille... – Oui ! – Une petite fille qui avait un chaperon rouge, qui se promenait, qui allait à la chasse. Elle alla voir sa grand-mère, et le chaperon rouge était mignon comme tout. Elle ramassait des choses... – Et qu'est-ce qui lui arriva quand elle alla voir sa grand-mère ? – Elle lui demande “Qu'est-ce que tu fais, chaperon rouge ?” Elle lui dit “Je viens chercher une galette et un pot de beurre” et donc il est parti chercher sa galette et son pot de beurre. Et puis à la fin le chaperon rouge meurt... – Comment ? – Mangé par le renard qui l'attendait. – Mais c'est une histoire triste ! – Oui, c'est une histoire triste ! »

Nous avons vu un florilège de persévérations qu'on appelle « frontales » : une fois le cerveau placé dans la configuration adaptée à une tâche ou à une stratégie donnée, il faut un lobe frontal vigoureux pour tout réorganiser en vue d'une activité différente. À défaut, on reste bloqué dans son activité ou sa réponse précédente et l'on persévère encore et toujours... Mais rien de tout cela ne ressemble aux persévérations de l'homme-thermomètre, dont la lésion cérébrale était d'ailleurs diamétralement opposée au pôle frontal. Il n'avait pas les troubles plus diffus du comportement et du discours propres aux lésions préfrontales. Ses persévérations ne survenaient que dans une circonstance, au cours d'une tâche précise : la dénomination visuelle d'objets. Insatisfaits, continuons donc l'exploration d'autres espèces de persévérations.

Ah ça ira ça ira ça ira ça ira ça ira

Les persévérations préfrontales que nous venons de voir prennent naissance au niveau le plus élevé du contrôle comportemental : ce qui persévère est souvent une configuration globale du cerveau propre à la réalisation d'une tâche complexe. Ces persévérations résultent de problèmes d'innovation, d'initiative, de planification, d'inhibition. Mais les persévérations peuvent aussi affecter un niveau plus modeste de contrôle du comportement. À l'extrême, on pourrait considérer le simple fait de trembler (de froid, de peur, de maladie de Parkinson) comme le degré zéro de la persévération : c'est bien la répétition incessante du même petit mouvement. Mais ce serait aller trop loin : le terme « persévération » est tout de même réservé à des phénomènes plus élaborés.

Les persévérations de bas niveau qui se produisent dans le domaine du langage prennent le nom de « palilalie » (un cousin des obscurs palindrome, palimpseste, palingenèse, palinopsie, palinodie, du grec παλιν = de nouveau). En voici un exemple vécu :

– Comment allez-vous ?

– Ça va ça va ça va ça va ça va ça va…

– Avez-vous mal quelque part ?

– Au genou au genou au genou au genou au genou au genou…

– Que représente cette image ?

– Une chaise chaise chaise chaise chaise…

Les répétitions étaient irrépressibles, précipitées, de plus en plus rapides et de moins en moins fortes. Ce patient n'était pas aphasique. Ce ne sont d'ailleurs pas des lésions des régions traditionnelles du langage qui entraînent ce symptôme, mais un dérèglement des systèmes qui contrôlent le déclenchement et le déroulement temporel précis des gestes en général, notamment des mouvements de la parole. Un patient palilalique auquel on demandait de dessiner un cercle a bien commencé son tracé, mais au lieu de s'arrêter une fois le cercle bouclé, il a continué à tourner et, cercle après cercle, à dessiner une longue spirale (Figure 41). Anatomiquement, ces systèmes de contrôle forment des boucles qui partent du cortex, puis descendent vers les ganglions de la base, qui sont des amas de neurones logés dans les profondeurs du cerveau : striatum, pallidum, thalamus, et autres latinismes. Le circuit repart ensuite vers le cortex en direction de la face interne des lobes frontaux qui contrôlent le déclenchement des mouvements. Le patient dont je viens de décrire les paroles avait une maladie dégénérative, différente de la démence frontale de Monsieur T., touchant de multiples niveaux de ce circuit de contrôle moteur, tout à la fois dans les ganglions de la base et dans le cortex frontal.

Il est possible d'observer des palilalies à la suite de petites lésions touchant telle ou telle station de ces circuits de contrôle moteur, mais c'est bien rare. Ainsi, après un accident vasculaire léger des ganglions de la base, un patient japonais à qui

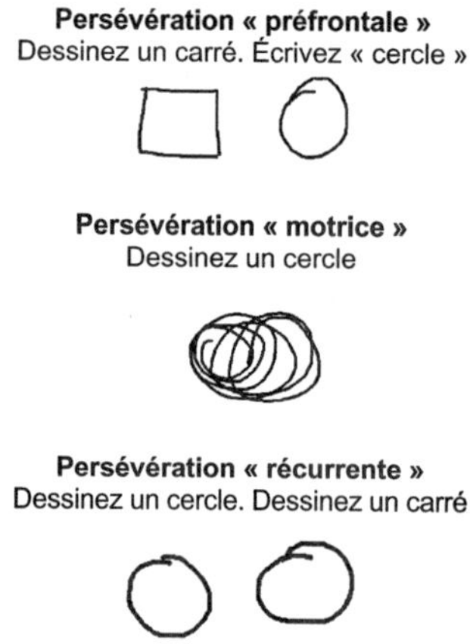

FIGURE 41 – *Les persévérations* préfrontales *résultent d'une incapacité à passer de façon flexible d'une tâche à l'autre. Les persévérations* motrices *résultent de la répétition abusive d'un geste élémentaire. Les persévérations* récurrentes *sont la répétition de la réponse donnée à une question précédente. Les persévérations de l'homme-thermomètre appartenaient à cette dernière catégorie.*

son médecin demandait comment il allait, répondit à toute vitesse : « Guai-guai-guai-guai-guai ima-ima-ima-ima toku-toku-toku-tokuni ii-desu[4] ! » Seules une ou deux syllabes étaient répétées. Si l'on consulte un livre de neurologie courant, ce n'est pourtant pas à propos de ganglions de la base que l'on trouvera mention de la palilalie, mais d'une région du cortex nommée « aire motrice supplémentaire » qui est justement l'endroit où les fameuses boucles de contrôle moteur retournent au cortex.

Le nom d'« aire motrice supplémentaire » provient d'une méthode d'exploration des fonctions du cerveau dont nous n'avons pas encore parlé. Il s'agit de placer une électrode à la surface du cortex pour voir quels sont les effets que provoque une stimulation électrique d'une région donnée. Naturellement, cette technique ne peut être utilisée que chez des patients en cours d'intervention à crâne ouvert, le cerveau exposé, et chez qui ces stimulations électriques ont une utilité médicale avérée. C'est le cas par exemple lorsqu'un chirurgien doit retirer une tumeur cérébrale dont les limites exactes sont difficiles à cerner et qui veut donc éviter d'endommager le tissu sain qui environne cette tumeur. Cette technique a été développée à Montréal à partir des années 1940 par Wilder Penfield, et elle a apporté une contribution importante à la cartographie cérébrale. Penfield a notamment observé qu'en dehors des régions motrices dites « classiques », situées sur la face visible du lobe frontal, il était possible de déclencher des mouvements en stimulant une région de la face cachée, médiane, du lobe frontal, qu'il a nommée pour cette raison « aire motrice... supplémentaire ». Comme nous l'avons dit, cette région fait partie de boucles de contrôle moteur et joue un rôle important dans la programmation et le déclenchement des gestes. Et de fait, sa stimulation électrique provoque soit un arrêt complet de la parole, soit... des palilalies. Il s'agit d'habitude d'une répétition assez élémentaire, limitée à une ou deux syllabes. Le même phénomène peut d'ailleurs se produire sans aucune stimulation électrique extérieure. Chez des patients souffrant d'une lésion quelconque de cette région, il peut se produire localement une décharge électrique synchronisée de millions de neurones, qu'on appelle une « crise d'épilepsie ». Il s'agit en quelque sorte d'une stimulation électrique interne. De fait, les palilalies sont connues pour témoigner de crises d'épilepsie ayant leur origine dans l'aire motrice supplémentaire.

Faisons le point à l'aide de la figure 41. Nous avons déjà découvert deux espèces de persévérations répondant à des mécanismes distincts. Tout d'abord, nous avons vu qu'un défaut d'innovation associé à un défaut d'inhibition des actes de routine au niveau le plus élevé du contrôle comportemental, après des lésions préfrontales, provoquait des comportements répétitifs. Nous avons ensuite vu qu'en aval de ce niveau de planification, la réalisation harmonieuse de séquences d'actions simples (par exemple, un pas ou une syllabe après l'autre) demandait un contrôle précis du début et de la fin de chaque action élémentaire. Les persévérations motrices, qui résultent de certaines lésions des ganglions de la base et des circuits qui leur sont associés, reflètent une panne de ces systèmes de contrôle fin des séquences. Hélas ! moins encore que les persévérations frontales, ces persévérations motrices ne ressemblent pas aux persévérations thermométriques de Monsieur Mathieu Z. Lui parlait de thermomètres et de température, alors que les persévérations palilaliques ne sont qu'une sorte de rebondissement élastique des derniers mots prononcés, à peine plus qu'un tremblement. Ni frontales ni motrices, nous allons maintenant inspecter une troisième (et vaste) famille de persévérations.

Enfant tendance sélan ranzan diance danté

J'ai rencontré, en quelques années, plusieurs patients souffrant de problèmes neuropsychologiques variés : aphasie, acalculie, agnosie visuelle, alexie pure, déconnexion calleuse... Par-delà la diversité de leurs déficits et de leurs lésions, ils présentaient tous, dans leur comportement verbal, une tendance à persévérer. Ces persévérations prenaient des formes variables d'un cas à l'autre et avaient à première vue peu à voir les unes avec les autres. Il ne s'agissait jamais de persévérations préfrontales ni motrices, les deux types que nous connaissons déjà. Nous allons voir que malgré leur diversité apparente, elles répondaient à un mécanisme commun.

Commençons par une vieille connaissance, Monsieur D., déjà rencontré page 186. Souvenons-nous qu'il remplaçait les phonèmes les uns par les autres : le réveltil, l'alougrée, la torpie qui va dans les jardins, plutôt que le revolver, l'araignée et la tortue. Et les persévérations ? À vrai dire, elles ne sautaient pas aux yeux. Quand on lui demandait par exemple de nommer une série d'images ou de lire une suite de mots, il n'avait pas tendance à donner plusieurs fois la même réponse. Toutefois, en inspectant de plus près ses réponses, nous avons repéré quelques séries suspectes... De temps en temps, il semblait manifester une préférence temporaire pour un phonème particulier. Par exemple, au cours d'une séance de lecture de mots, il lut (correctement) « enfant » et « tendance », deux mots riches en son « an », puis garda un goût marqué pour ce phonème pendant la lecture des mots qui suivirent :

enfant → enfant
tendance → tendance
chapeau → déchian
valeur → sélan
raison → ranzan
norme → dilne
notion → diance
homme → danté

Notons qu'on voit aussi se dessiner vers la fin une série de persévérations sur le son « d » : dilne diance, danté... Il semblait donc y avoir des persévérations non de mots mais de sons, de phonèmes. Comme le montre la figure 42, quelques mesures nous permirent de démontrer statistiquement que les sons produits par Monsieur D. avaient bien tendance à resurgir après leur apparition initiale beaucoup plus souvent que le hasard ne le voudrait.

Nous pouvons résumer la situation de Monsieur D. en deux points. Le premier, c'est que nous avons montré page 186 que ses erreurs venaient d'une interruption dans la chaîne des étapes qui mènent d'une idée jusqu'à l'articulation du mot. Plus précisément, nous avons suggéré que les sons du langage, les phonèmes, étaient déconnectés du niveau précédent, celui des mots. Deuxièmement, nous voyons maintenant que ce qui persévère chez Monsieur D., ce sont justement les phonèmes. D'où cette idée : les persévérations pourraient-elles être simplement une conséquence automatique du fait que les phonèmes sont déconnectés de l'étape précédente ? Cela n'aurait rien d'absurde. Admettons qu'on nous montre successivement un chat et une pomme et que nous devions en donner le nom, donc dire successivement « chat » puis « pomme ». Dans un premier temps, le mot « chat » a été sélectionné parmi tous ceux de notre dictionnaire mental, il est donc activé plus fortement que les autres. Une fois choisi, ce mot sélectionne parmi le réper-

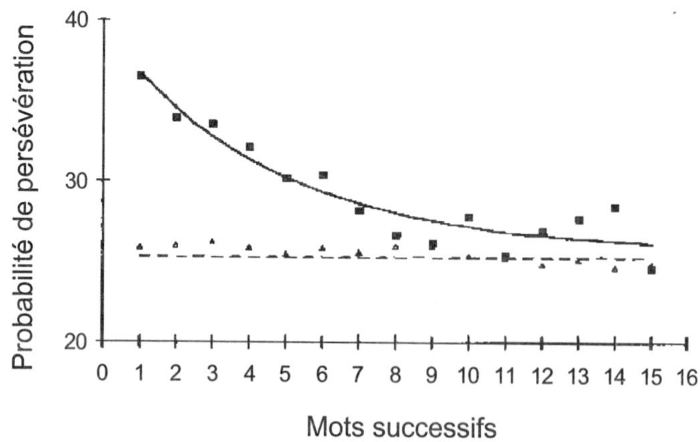

FIGURE 42 – *Monsieur D., après avoir prononcé un mot, avait tendance à en réutiliser trop souvent les sons dans ses réponses suivantes. La courbe supérieure montre que la probabilité de retour d'un son après sa première apparition était supérieure à ce que voudrait le hasard (courbe inférieure), et ce pendant une durée de 7 mots environ (Cohen L., Dehaene S., « Competition between past and present : Assessment and interpretation of verbal perseverations »,* Brain, *121 : 1641-1659, 1998).*

toire des phonèmes les sons CH et A qui se trouvent donc plus fortement activés que tous les autres sons que nous connaissons. C'est donc ces sons que nous allons articuler. Une fois cela fait, le mot « chat » et les sons CH et A retournent progressivement à leur sommeil. C'est alors que le mot « pomme » arrive. C'est à son tour d'être activé plus que les autres mots et de solliciter les sons P, O, et M, qui peuvent alors être prononcés. Que se passe-t-il si nous avons une mauvaise communication entre les mots et les phonèmes pendant la préparation du mot « pomme » ? Première conséquence, c'est parfois un mauvais phonème qui est choisi, et « pomme » se trouve prononcé par exemple PAM. C'est bien ce qui se passait avec Monsieur D. Seconde conséquence, les sons du mot précédent, CH et A, dont on ne devrait plus entendre parler, connaissent une seconde chance ! En effet, ils ont été utilisés il y a peu, et même s'ils sont en train de retourner doucement à leur somnolence de base, ils sont encore un peu plus activés que les phonèmes qui n'ont pas été utilisés depuis longtemps. En temps normal, ils devraient être écrasés dans la compétition par les phonèmes P, O et M. Mais si P, O et M sont eux-mêmes faibles et avachis, mollement activés du fait de la déconnexion, alors CH ou A ont une chance non négligeable d'être les plus forts et de sortir une seconde fois. Ce qui donne ni plus ni moins qu'une persévération.

Le moment est venu de passer avec audace de cette interprétation à une proposition plus générale[5]. Normalement, les traces résiduelles héritées des mots précédents sont très faibles au regard des activations induites par le stimulus actuel. En revanche, quand un niveau de traitement est partiellement déconnecté du niveau précédent, c'est-à-dire privé de son activation normale, la représentation du stimulus en cours est, à ce niveau, déficiente ou affaiblie. Dans ce cas, les traces héritées des mots précédents acquièrent une influence prépondérante au niveau déconnecté. Dans une tâche de dénomination en série, cela entraîne une contamination anormale par les réponses produites aux essais précédents. Chez Monsieur D., les phonèmes étaient déconnectés, par conséquent ils persévéraient. Mais ce principe « déconnexion entraîne persévérations » devrait fonctionner à n'importe quel niveau de la chaîne qui conduit d'un objet qu'on voit à un mot qu'on prononce. Est-ce vrai ?

Persévérations calleuses

Essayons de tester de la façon la plus limpide l'hypothèse selon laquelle une simple déconnexion entre deux étapes successives suffirait à faire naître des persévérations à la seconde étape. La séparation des deux hémisphères à la suite de lésions du corps calleux constitue une situation magistrale de pure déconnexion. Comme nous l'avons vu, sa destruction, au moins de sa partie arrière, fait qu'un hémisphère ne perçoit pas la moitié du champ visuel que voit l'autre hémisphère. L'anomie gauche qui en résulte est le prototype même de la déconnexion : si l'hémisphère droit voit une image, celle-ci ne peut parvenir à l'hémisphère gauche, qui ne peut donc la dénommer. Madame V.A.R. souffrait justement d'une lésion (un infarctus) de la moitié postérieure du corps calleux, responsable entre autres d'une anomie et d'une alexie gauches : elle ne pouvait dénommer les mots ou les images présentées dans son hémichamp visuel gauche (c'est-à-dire à son hémisphère droit). Or ses erreurs consistaient très souvent en persévérations verbales : en réaction à un stimulus qu'elle ne pouvait nommer, elle donnait souvent une réponse déjà produite à un essai précédent. Par exemple, dans une série de treize images successives, présentées au hasard d'un côté ou de l'autre, elle ne se trompait jamais de nom pour les images présentées à son hémisphère gauche. En revanche, la majorité de ses réponses étaient fausses lorsque l'image était présentée à son hémisphère droit. Parmi ces erreurs, la réponse « une montre » revint trois fois, que ce soit à la vue de ciseaux, d'un peigne ou d'un tabouret.

Ces persévérations ne sont nullement limitées aux cas où les objets qu'il faut nommer sont présentés visuellement. Comme on le sait, le système nerveux central a une organisation croisée, et cela ne concerne pas uniquement le système visuel. Si l'on palpe un objet de la main droite, l'information tactile arrive dans l'hémisphère gauche (et *vice versa*) avant d'être accessible à l'autre hémisphère *via* le corps calleux. Par conséquent, une section du corps calleux (un peu en avant des connexions visuelles) empêche l'information concernant un objet palpé de la main gauche de parvenir à l'hémisphère gauche, et donc au langage. J'ai examiné Monsieur B., un patient souffrant d'une tumeur maligne envahissant l'arrière de son corps calleux. Je lui ai demandé de fermer les yeux et de palper des objets que je plaçais dans l'une de ses mains. Lorsque les objets étaient mis dans sa main droite, ses réponses étaient exactes et rapides. En revanche, quand je plaçais un objet dans sa main gauche, il le palpait habilement, sans le faire tomber, puis répondait immanquablement : « C'est une ceinture de sécurité ! » Il donna cette réponse à la suite pour une clé, un anneau en caoutchouc, un stylo, un dictaphone. Réexaminé le lendemain, son comportement était similaire, sauf que sa réponse était maintenant « une clé ! ». Et pourtant, malgré ces réponses aberrantes, il est probable que l'hémisphère droit, qui palpait les objets sans pouvoir les nommer, reconnaissait de quoi il s'agissait. Après lui avoir fait palper des ciseaux, qu'il nomma « une clé », je lui demandai d'ouvrir les yeux et de choisir, parmi une demi-douzaine d'objets placés devant lui sur la table, celui qu'il venait de palper. Après les avoir inspectés, Monsieur B. choisit sans erreur... les ciseaux. Une partie de lui-même savait que c'était là ce qu'il avait palpé, alors même que la partie parlante l'ignorait.

Que nous ont appris ces deux patients ? Dans les deux cas, il s'agissait d'une pure déconnexion entre les deux hémisphères. Ils n'étaient pas aphasiques et n'avaient pas de déficits visuels ou tactiles. Leur anomie résultait donc uniquement de l'isolement de l'hémisphère gauche parlant. Et de la même manière, nous pouvons conclure que les persévérations résultent elles aussi de cet isolement. Autrement dit, l'hémisphère gauche semble persévérer *du seul fait* qu'il est privé de sa source d'information, et que les réponses précédentes ne sont pas écrasées, effacées, supplantées, mises à jour, par le nouvel objet à dénommer. Les traces résiduelles des réponses produites aux essais précédents suffisent à biaiser la réponse vers la répétition de mots produits peu avant. Cette hypothèse est la même, appliquée à un autre niveau, que celle que nous avons formulée à la fin de la section précédente : dans une chaîne d'étapes cognitives successives, si une des étapes est privée d'information en provenance de la précédente, elle ne se met pas à jour, reste dans le même état et entraîne la production de réponses persévératives.

C'est pourquoi votre fille persévère

Logiquement, on devrait retrouver des phénomènes analogues dans les déconnexions entre vision et langage qui ne font pas suite, comme chez Madame V.A.R., à des lésions du corps calleux mais à des lésions de l'hémisphère gauche lui-même. Nous avons étudié en long et en large ce qu'est l'alexie pure. Lorsque ces patients essaient de lire des mots, leur système verbal, quoique intact, n'est plus alimenté par leur système visuel. On pourrait s'attendre à ce que ce système verbal persévère, tout comme chez Madame V.A.R. C'est bien ce qui se produit. Sur une liste de trente mots que je lui demandai de lire, Monsieur S.M.A. n'en lut correctement que deux et répondit sept fois que ce qu'il voyait était le mot « quand ». Rappelons-nous aussi que Monsieur G.O.D., page 156, dit « 68 79, 69 79, 79 49, 69 69 » alors que je lui demandais de lire 68 71, 39 42, 32 29 et 26 62.

Dans le même registre, je ne peux m'empêcher de revenir au cas d'une patiente alexique dont nous avons parlé page 158, Madame V. Nous lui avons présenté une liste de trente-six petites soustractions, du genre 7 – 4, en lui demandant de les lire et d'en donner le résultat. Comme on s'en souvient, sa lecture était pleine d'erreurs, mais elle donnait généralement la bonne solution. Or sa lecture était non seulement mauvaise, mais persévérative. La table ci-dessous montre qu'alors qu'elle avait devant elle six problèmes différents, elle a chaque fois lu à haute voix « quatre moins trois ». Et pourtant, chaque fois, elle a donné le bon résultat, de 1 à 7 en passant par 2 et 6 ! La lecture persévérait mais non le calcul, ce qui va à merveille avec notre théorie. Le système verbal dans l'hémisphère gauche était privé de ses entrées en provenance de la vision et donc persévérait, alors même que le système de manipulation des quantités dans l'hémisphère droit avait un accès parfait à l'identité des chiffres. La beauté comme le diable se niche parfois dans les détails.

Problème	Réponse de Madame V.	
	Lecture	Résultat
2 – 1	4 – 3	1
4 – 2	4 – 3	2
9 – 2	4 – 3	7
4 – 3	4 – 3	1
5 – 3	4 – 3	2
7 – 1	4 – 3	6

Donc, comme on pouvait s'y attendre, les patients qui ont une alexie pure persévèrent puisque leur système verbal, et peut-être tout leur hémisphère gauche, privé de son alimentation alphabétique normale, reste enlisé dans ses réponses précédentes.

Votre fille, et donc l'homme-thermomètre

Une fois de plus, revenons à l'homme-thermomètre et allons au bout de nos hypothèses. Si l'alexie pure fait persévérer et si l'aphasie optique est la même chose que l'alexie pure en pire, il est alors bien normal que l'aphasie optique fasse persévérer ! Et c'est pourquoi les thermomètres se suivent, se suivent, se suivent... L'hémisphère gauche de Monsieur Mathieu Z., aveugle et bavard, isolé de l'hémisphère droit voyant, persiste dans son erreur, exactement comme l'hémisphère gauche des patients au corps calleux sectionné de tout à l'heure.

Mais quelle est au juste la chose qui persévère chez un aphasique optique ? Ce n'est pas exactement un mot, c'est plutôt une idée, un concept. Chez Monsieur Z., certes on voit revenir le mot « thermomètre », mais il n'est là que pour exprimer le concept d'instrument à mesurer la température. Ce concept passe aussi par d'autres formules, comme « on le plonge dans un liquide dont on veut mesurer la température ». C'est le concept du thermomètre qui persévère. Le mot lui-même ne récidive que pour exprimer cette idée fixe qu'entretient l'hémisphère gauche. La figure 43 montre un exemple assez semblable, que j'ai observé chez une autre patiente, Madame B.Z. Ce jour-là, elle était engagée dans une série de

FIGURE 43 – *Alors que Madame B.Z. persévère sur le thème des végétaux, on voit se mélanger un fragment de réalité avec les persévérations : la girafe est certes qualifiée de fruit, mais de fruit* exotique.

persévérations végétales : quels que fussent les objets, elle en faisait des fruits ou des légumes. Arrêtons-nous un instant à la girafe : pour la patiente, il ne s'agissait pas de n'importe quel fruit, mais d'un fruit *exotique*, et il est vrai que la girafe fait partie du bestiaire *exotique*. La réponse « fruit exotique » semble mélanger deux ingrédients : la persévération végétale et un peu de la réalité de la girafe, son exotisme. Comme si la partie du cerveau qui parle, perdue dans son radotage, recevait un fragment de vérité et l'intégrait dans son discours. On pourrait sans doute ricaner : après avoir été édifié sur la rigueur de la neuropsychologie et de l'imagerie cérébrale, voici qu'on s'est rabattu sur la micropsychanalyse et l'interprétation sauvage du lapsus isolé d'une malheureuse patiente. Mais revenons plutôt à notre guide, l'homme-thermomètre, et nous observerons bien d'autres exemples de ces mélanges de persévérations et de lueurs de vérité. En effet, en y regardant de près, ses réponses étaient subtilement variées. Il n'avait rien d'un perroquet répétant « thermomètre, thermomètre, thermomètre ». Prenons chacun de ses mots et de ses gestes au sérieux, comme un indice, et tentons d'interpréter, grâce à ce que nous avons appris, chaque détail de son discours et de son comportement.

CHAPITRE 10

Questions ultimes

Alcools, mélanges, et températures

Dès le début du dialogue inaugural, Monsieur Z. m'a expliqué que la brosse à dents était un thermomètre, mais pas n'importe quel thermomètre : un thermomètre pour le corps. Son commentaire semblait contenir l'idée que la brosse à dents est en effet un ustensile destiné aux soins corporels (qui plus est internes). Pendant les minutes qui suivirent, non seulement le thermomètre persévéra, mais le thermomètre pour les *liquides*, et l'objet réel n'est plus apparu dans les réponses. Un peu plus tard, la réalité se mélangea de nouveau à la fiction : Monsieur Z. concéda que la boîte d'allumettes n'était pas vraiment un thermomètre mais un « protecteur » de sa partie opérante, qui se trouverait à l'intérieur. Il en alla exactement de même avec la valise : il s'agissait d'un récipient qu'on portait avec soi (même si, évidemment, on a mis dedans des appareils de mesure). La fonction réelle de ces contenants a montré le bout de son nez dans ses discours thermométriques. Un autre exemple frappant, qu'on ne peut attribuer au hasard fut sa réponse à la présentation d'une petite bouteille d'alcool. Pour lui, c'était un thermomètre, mais destiné à mesurer la température... des alcools.

Parfois, la réalité et le thermomètre ne se mélangeaient pas aussi intimement dans un scénario unique (boîte à thermomètre, thermomètre à alcool...), mais se succèdaient sans se combiner. Par exemple, le pinceau était d'abord un thermomètre puis, en cours de réponse, Monsieur Z. observait : « Si je veux peindre, si je veux faire quelque chose, je me sers de ça. » Il accèdait manifestement au sens, à la fonction de l'objet. Si on le questionnait, il donnait le nom, « un pinceau ». Mais il arrivait que Monsieur Z. ne parvînt pas à se rallier à une des deux réponses possibles (la bonne et le thermomètre), et qu'il oscillât, perplexe, alternant l'une avec l'autre. En présence d'une pipe, d'abord baptisée « thermomètre », je manifestai mon incrédulité si bien que Monsieur Z. déclara soudain que « c'est pour... qu'on fume, c'est pour le tabac ». Puis il revint à l'usage thermométrique et plongea l'instrument dans une substance indéterminée. Mais de nouveau il indiqua le fourneau où se loge le tabac. Pour finir, cherchant à donner les deux réponses en même temps, il déclara : « Je vois la température que le tabac... fume... » Il se passa quelque chose d'analogue avec le sifflet, dont Monsieur Z. dit : « C'est un sifflet... et en même temps, ça peut servir à prendre la température de quelque chose. » Curieux...

Voyons une autre variété de fleurs de rhétorique dans lesquelles l'hémisphère gauche mélange persévérations et fragments de vérité. Madame B.Z., *alter ego* de l'homme-thermomètre dans l'art de persévérer, était engagée dans une série de persévérations sur le thème du coupe-papier. Survint l'image d'un chat. Madame B.Z. la contempla et dit : « C'est une sorte de coupe-papier, mais... en forme de chat. » C'est comme si elle savait *qu'il était question* de chat, mais pas nécessairement que *c'était effectivement* un chat. Elle avait donc combiné le coupe-papier fantôme avec l'idée de chat, et proposé un coupe-papier *en forme de chat*. Il est arrivé la même chose à Monsieur Z. lui-même. Je lui ai montré l'image... d'un crocodile. Il m'a expliqué que cela servait à mesurer les températures. Cette fois je me suis ouvertement scandalisé de cette réponse aberrante. Il concéda alors que cet appareil pouvait *représenter* un animal, que c'était en somme un appareil *en forme* d'animal. D'une certaine façon, nous voyons dans ces deux cas comment le patient peut arriver à la bonne réponse, au bon mot, à travers des éléments de sens et non pas à la suite d'une reconnaissance de l'identité visuelle de la chose.

En bref, on peut repérer trois genres de réponses chez Monsieur Z. : les bonnes réponses (« ce sont des lunettes de soleil »), les thermomètres et les mélanges. Parmi les mélanges, nous avons repéré au moins trois variantes : les fusions créant un lien fonctionnel entre les deux éléments (« un thermomètre pour les alcools »), les réponses « en forme de » qui créent un lien factice de pure forme, et enfin les juxtapositions, où aucun scénario plausible ne combine les deux ingrédients de la réponse.

Comment comprendre ces mélanges (Figure 44) ? C'est l'hémisphère gauche qui parle. Il ne perçoit pas les objets du monde extérieur que seul voit l'hémisphère droit. Il ne perçoit pas et pourtant il parle. Comme les thermomètres fantômes qui l'habitent ne sont pas chassés et effacés par de vraies nouvelles fraîches du dehors, il persévère. Mais les choses ne se passent pas exactement comme ça. En réalité, les deux hémisphères ne sont pas complètement séparés. La lésion cérébrale a détruit les régions occipitales et temporales gauches, et isolé le système visuel droit des régions du langage. Soit ! Mais les deux hémisphères restent connectés à leur partie antérieure par l'avant intact du corps calleux. Deux hémisphères séparés à l'arrière et encore connectés à l'avant : nous connaissons cela. C'était le

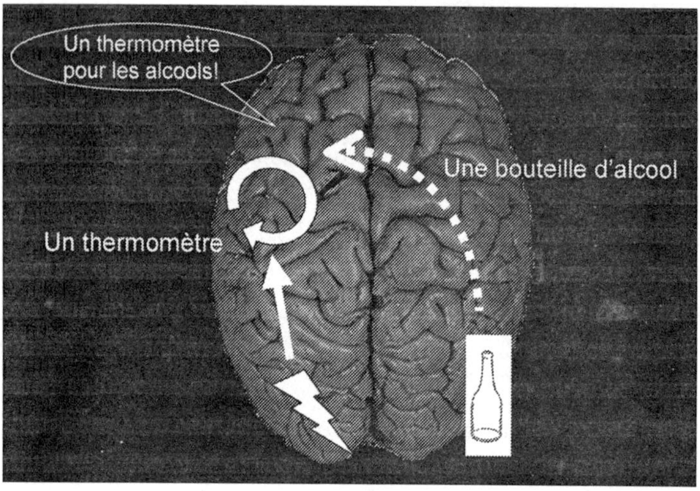

FIGURE 44 – *En essayant de nommer une bouteille d'alcool, l'hémisphère gauche de Monsieur Z. s'appuie sur son système visuel gauche. Celui-ci est détruit et ne lui donne plus d'informations. De ce fait, l'hémisphère gauche persévère dans l'idée de thermomètre. Toutefois, l'hémisphère droit a reconnu la bouteille, et donne quelques informations sémantiques à l'interpréteur hémisphérique gauche, qui construit une réponse combinant ces différents éléments.*

Chevalier inexistant du chapitre 6. Souvenons-nous : on montre à l'hémisphère droit le mot « chevalier » ; l'hémisphère gauche ne le voit pas (du fait de la section calleuse partielle) ; mais par l'avant du corps calleux, l'hémisphère droit fait passer à l'hémisphère gauche des fragments de signification, d'images, qui permettent à celui-ci de comprendre, plus ou moins, ce que ce mot désigne. Il se passe exactement la même chose chez Monsieur Z. Son hémisphère gauche alimente ses discours à deux sources : les persévérations thermométriques, qui naissent en son propre sein, et les fragments d'information sémantique, que lui perfuse l'hémisphère droit par l'avant du corps calleux. Et selon les informations disponibles, selon la cuisine obscure qu'il en fait, l'hémisphère gauche parvient à la bonne réponse, à un thermomètre déconnecté de toute réalité, ou à une palette de mélanges. Cherchons encore quelques menus indices qui nous confirmeront peut-être que c'est bien ainsi que les choses se passent.

Quand il lui arrive de nommer correctement l'objet que je lui montre, le nom attendu n'est en général pas la première réponse que donne Monsieur Z. Plutôt que le nom, il décrit en général la fonction, l'usage, au moyen d'un verbe, et il ne donne le nom qu'après, si j'insiste pour savoir comment *l'objet* s'appelle : « – C'est pour se peigner. – Et ça s'appelle ? – Un peigne ! » Ou bien : « – Si je veux peindre je me sers de ça. – Et ça s'appelle ? – Un pinceau ! », etc. Cela s'explique naturellement si nous nous rappelons que l'hémisphère gauche ne voit ni le peigne ni le pinceau, ne connaît pas leur identité exacte, mais apprend des choses à *leur propos*, des bruits de couloir venus de l'hémisphère droit, qui lui donnent un certain accès au sens, à l'usage, et lui permettent ensuite de deviner quelle est la chose, puis le mot. Ce phénomène a été étudié en détail par l'équipe de Michel Poncet sur Monsieur C.N., un patient tout à fait similaire à l'homme-thermomètre. À la vue d'un objet, il pouvait plus facilement donner le nom de l'action associée que son nom propre. De même, il pouvait généralement donner le nom d'un objet dont il voyait mimer l'usage[1]. En somme, une information assez abstraite, portant sur la fonction plutôt que sur la forme visuelle, permettrait de mieux orienter l'hémisphère gauche dans le choix d'un verbe d'action que d'un nom d'objet.

Parfois, plutôt que proposer un mot, Monsieur Z. ébauchait un geste. Devant les lunettes de soleil, il commença par montrer les siennes, puis donna le nom à ma demande. Devant la pipe, il fit le geste de porter une cigarette à sa bouche, de la main droite. Cela veut dire que son hémisphère gauche avait appris qu'il s'agissait de fumerie et de tabac, sans plus de précision, que l'objet était peut-être une cigarette, et qu'il pouvait le montrer plutôt que le dire.

L'interpréteur

Dans l'étude de patients au corps calleux sectionné, Michael Gazzaniga a repéré cette propension de l'hémisphère gauche à élaborer un discours cohérent, un scénario « qui se tienne » contre vents et marées, même lorsqu'il reçoit des informations incomplètes, voire contradictoires[2]. Il a baptisé « interpréteur » cette fonction hémisphérique gauche, dont la voie d'expression principale est le langage. Il a rapporté de nombreux exemples frappants de ces scénarios, notamment chez des patients dont les deux hémisphères sont entièrement déconnectés. Un des plus célèbres fut P.S. On lui a d'abord présenté l'image d'une patte de poule dans la moitié droite de son champ visuel et un paysage enneigé dans la moitié gauche, simultanément. On lui a ensuite demandé de choisir, parmi des images disposées devant lui, celles qui allaient le mieux avec ce qu'il venait de voir sur l'écran. De sa main droite, il choisit l'image d'une pelle à neige, alors que de sa main gauche il choisissait celle d'une tête de poulet. On lui demanda alors de justifier ses choix. Il expliqua qu'ayant vu une patte de poulet, il était naturel de choisir la tête de poulet. Et la pelle ? Eh bien ! expliqua le patient, quand on élève des poules, il faut une pelle pour ramasser leurs fientes ! L'hémisphère gauche avait assisté au comportement de la main gauche (pilotée par l'hémisphère droit) sans avoir accès aux motifs réels de ses actes. Il avait donc construit *a posteriori* une explication rationnelle, reliant la pelle aux poules.

Cet interpréteur est une de nos vieilles connaissances. C'est lui qui, dans l'hémisphère gauche de l'homme-thermomètre, construit une savante justification du fait qu'une boîte d'allumettes est un thermomètre, ou qu'un flacon d'alcool est lui aussi un thermomètre... pour les alcools. Dans tous ces cas, on le voit attaché à former un récit cohérent, qui est probablement un des éléments centraux de notre moi individuel.

Un malade qui s'ignore

Un des traits les plus étonnants de l'entretien avec Monsieur Z. tenait à sa méconnaissance complète du caractère aberrant de son comportement. Il restait parfaitement placide, du début à la fin de la litanie des thermomètres, alors que le spectateur de plus en plus sidéré attendait avec une incrédulité croissante la réponse suivante. Comment est-il possible, se demande-t-on, qu'il ne s'aperçoive de rien ? Comment se fait-il que devant un objet, il ne dise pas « je ne sais pas ce que c'est » ou bien « je ne vois rien » plutôt qu'affirmer calmement qu'il s'agit d'un thermomètre ? Pourquoi ne s'étonne-t-il pas de s'entendre lui-même parler sans fin de thermomètres ? Pour rester dans le droit fil de la section précédente, disons que l'interpréteur de Monsieur Z. semblait ne pas être clairement informé de l'existence d'un problème neuropsychologique.

Comme d'habitude, expliquer une panne suppose qu'on ait d'abord une idée du fonctionnement normal : l'aphasie s'explique par le langage normal, l'apraxie par le contrôle du geste normal, etc. De même, que faut-il en principe pour s'apercevoir qu'on a soi-même perdu une fonction cérébrale ? Trois conditions sont nécessaires : une représentation de la situation présente, un souvenir de la situation normale passée qui puisse servir de point de référence, et la capacité de faire la comparaison du présent et du passé. Prenons d'abord un exemple hors du cerveau. Une conséquence dramatique de certains accidents de moto est l'arrachement du plexus brachial : tous les nerfs qui commandent les mouvements d'un bras et transmettent les sensations qui en proviennent sont endommagés à la base du cou. Le bras est totalement inerte et anesthésié. La victime a évidemment une conscience aiguë de sa perte : dès qu'elle porte son attention sur son bras, elle constate qu'il n'en provient aucune sensation, alors qu'elle a le souvenir de la perception des contacts sur la peau, de la position des articulations, de la tension des muscles, etc. De même, elle constate que son bras ne bouge pas quand elle essaie de le mouvoir, alors qu'elle a de riches souvenirs des mouvements passés. La situation est la même chez la plupart des patients qui sont frappés d'hémiplégie à la suite d'un accident vasculaire cérébral. La destruction de leur cortex moteur les empêche de bouger mais ne les prive pas de souvenirs moteurs ni de capacité à porter leur attention sur le côté de leur corps qui se trouve paralysé. Ils prennent donc une conscience claire et douloureuse de leur handicap.

Mais il arrive que d'autres patients hémiplégiques n'aient pas conscience de leur état. Je me souviens d'une femme d'une soixantaine d'années, dont la moitié gauche du corps était lourdement paralysée à la suite d'une lésion frontale et pariétale droite. Comme je lui demandais pourquoi elle était hospitalisée, elle m'expliqua que c'était pour une grande fatigue et parce qu'elle avait mal dans le dos. Je lui demandai plus directement si elle était paralysée. Elle nia catégoriquement, affirmant que ses jambes et ses bras fonctionnaient normalement, dans la mesure où sa fatigue le leur permettait. Je lui montrai alors sa main gauche paralysée, en lui demandant de quoi il s'agissait. Elle me répondit que c'était ma main à moi. Et pas la sienne à elle ? Non, absolument pas. D'ailleurs, elle s'en saisit avec sa main droite valide et commença à la tordre énergiquement en me menaçant : « Je vais vous casser les doigts ! » Pour peu qu'on puisse en juger, cette patiente n'avait donc pas conscience d'être paralysée (c'est l'a-noso-gnosie de l'hémiplégie), elle n'avait pas même conscience de posséder la moitié gauche de son corps (c'est l'hémi-a-somato-gnosie). Sa méconnaissance ne se limitait pas à la moitié gauche de son corps, mais d'une certaine manière concernait aussi la moitié gauche de l'espace extérieur. Si nous étions quatre médecins dans sa chambre, deux à sa droite et deux à sa gauche, et si je lui demandais de compter tous les individus présents autour d'elle, son décompte s'arrêtait à deux, les deux personnes placées à sa droite. Elle négligeait entièrement tout ce qui se trouvait à sa gauche (aussi ce trouble s'appelle-t-il techniquement la *négligence*). J'ai réellement vu cette patiente manger la moitié droite d'une assiette de purée, me dire qu'il n'y en avait plus, puis continuer à manger aussitôt que j'eus tourné son assiette de 180 degrés.

L'explication de ce symptôme saisissant est encore débattue, mais l'histoire de cette patiente fait ressortir deux éléments importants. Elle affirmait que sa main ou sa jambe gauches n'étaient pas à elle mais au médecin, ou même à un cadavre placé dans son lit. En même temps, elle ne s'inquiétait nullement de savoir où se trouvait son hémicorps gauche à elle. Autrement dit, l'image de référence qu'elle avait de son propre corps semblait ne plus posséder de moitié gauche. Si tel était le cas, rien d'étonnant à ce qu'elle n'ait pas conscience de sa paralysie. En effet, un corps qui ne possède pas de moitié gauche ne saurait être paralysé du côté gauche ! Un second élément d'explication possible est que, d'une façon générale, cette patiente ne dirigeait pas son attention sur la moitié gauche du monde. Si nous supposons que ce biais, cette négligence du côté gauche, s'appliquait aussi à son propre corps, alors on peut s'attendre à ce qu'elle ne prenne pas pleinement conscience de son hémiplégie. Dans les deux cas, la lésion du lobe pariétal est essentielle. D'une part, il abrite des cartes du corps, tout comme le lobe occipital abrite des cartes visuelles du monde extérieur. On peut concevoir qu'une lésion de ces cartes puisse altérer l'image de référence du schéma corporel, voire l'amputer d'une moitié. D'autre part, le lobe pariétal contrôle l'orientation de l'attention, les lésions pariétales sont en général responsables des phénomènes de négligence d'une partie de l'espace.

L'existence d'une paralysie ne pouvait donc être détectée faute d'un souvenir complet de ce qu'était un corps normal, et peut-être aussi faute d'une orientation convenable de l'attention vers une moitié du corps. Quoi qu'il en soit, l'interpréteur hémisphérique gauche de la patiente ne se trouvait pas informé de l'existence de l'hémiplégie. Selon son habitude, il construisait une fiction à peu près plausible pour justifier le séjour à l'hôpital, ou sur le propriétaire réel de la main ou de la jambe gauche qu'on lui présentait.

L'anosognosie, c'est-à-dire la méconnaissance d'un déficit par le patient lui-même, ne concerne pas que l'hémiplégie[3]. Certains patients qui ont perdu la vision de la moitié du champ visuel n'en sont pas conscients. C'était d'ailleurs probablement le cas de Monsieur Z. lui-même, peut-être parce que sa lésion occipito-temporale l'avait privé de l'essentiel de ses cartes de référence de la moitié droite de l'espace. Il est impossible de se mettre vraiment à la place de tels patients, mais on peut tout de même imaginer ce que cela représente de méconnaître l'amputation de la moitié de son champ visuel. Pensez aux limites *normales* de votre champ visuel. Vous ne voyez pas vos propres oreilles, ni ce qui se passe derrière votre tête. Et pourtant, vous n'avez *pas* l'impression qu'il y a du noir au-delà de votre champ de vision. Vous n'avez pas l'impression qu'un obstacle s'oppose à ce que vous voyiez au-delà. En effet, votre système visuel ne possède simplement aucune représentation de l'espace qui est derrière vous. Ses cartes se limitent à celui qui s'étend devant vous. Pour cette raison, vous ne voyez pas derrière votre tête, mais pourtant tout est normal puisque vous n'avez pas le souvenir d'avoir jamais vu derrière votre tête. Je suppose qu'un patient qui a perdu la vision de la moitié de son champ visuel sans s'en apercevoir se trouve dans la même situation. Il est aveugle dans toute une région de l'espace, mais, si les cartes de référence de cette région ont été détruites, il ne constate lui-même rien d'anormal. Plus remarquable encore, certains patients qui ont perdu *la totalité* de leur champ visuel sont anosognosiques. Ils sont devenus entièrement aveugles et n'en ont pas conscience.

Si nous raisonnons de cette façon, il n'y a finalement rien de très surprenant à ce que Monsieur Z. n'ait pas conscience de ses erreurs thermométriques. Nous avons analysé en détail les sources de ses réponses, que ce soient les persévérations des réponses passées ou les bribes d'information en provenance de l'hémisphère droit. Comment voulez-vous que l'hémisphère gauche sache que ces données sont fausses ? Pour qu'il reconnaisse ses propres réponses comme erronées, il faudrait qu'il dispose d'un point de référence. Il faudrait qu'un système cérébral quelconque lui indique positivement que l'objet présent n'est *pas* un thermomètre. Or, comme nous l'avons vu, le système visuel droit intact de Monsieur Z. ne communiquait que très difficilement avec son hémisphère gauche parlant. Quant au système visuel gauche, il était détruit et ne donnait aucune information. Non seulement il ne donnait aucune information sur l'identité de l'objet, mais il ne pouvait même pas signaler sa propre panne. En effet, il faut probablement un système visuel relativement préservé pour envoyer à l'interpréteur un message tel que « je ne vois pas bien, il y a là un objet que je n'arrive pas à reconnaître, méfiance ». Comme nous l'avons vu à propos de la méconnaissance d'une paralysie ou d'une amputation du champ visuel, si un système est détruit au point qu'il devient impossible de comparer son état présent avec un souvenir de son état normal, le handicap reste indétectable consciemment.

Pourquoi les thermomètres ?

Nous avons esquivé jusqu'à présent la question la plus évidente, peut-être la première qui se soit posée, dès le premier chapitre : pourquoi les thermomètres plutôt que n'importe quoi d'autre ? Nous avons à peu près compris le mécanisme général des erreurs de Monsieur Z. Nous savons que l'hémisphère gauche, ou l'interpréteur qu'il abrite, reste fixé sur une réponse invariable faute d'être informé de la nature des objets qui se succèdent en réalité. Mais pourquoi s'est-il arrêté, au cours de la scène dont nous sommes partis, sur les thermomètres plutôt que sur n'importe quelle autre idée de passage ? Une première réponse est purement circonstancielle : Monsieur Z. parle de thermomètres… parce qu'il est à l'hôpital et qu'une infirmière vient peut-être de prendre sa température. Cette idée récente, peut-être déplaisante, reste au premier plan de sa conscience et nourrit les persévérations. Mais s'arrêter à cette explication serait capituler devant le hasard. N'y a-t-il pas une raison plus profonde, plus générale, à cette préférence ? L'hypothèse qui suit n'est sans doute pas entièrement fantaisiste, mais elle n'est pas étayée par des arguments objectifs bien solides. C'est une spéculation, qui part de l'intuition que même l'aspect apparemment le plus arbitraire des réponses de l'homme-thermomètre est accessible à une explication générale. Essayons.

Notons d'abord que certaines réponses semblent exclues. On n'imagine pas Monsieur Z. répondre « c'est une étoile » ou

« c'est un troupeau de chèvres » en présence d'une brosse à dents. Toutes ses réponses portent en effet la marque d'une vraisemblance minimale : on lui montre de petits objets et il ne propose en guise de réponse que les noms d'autres petits objets. Ce n'est guère étonnant si l'on se souvient que son hémisphère gauche, à défaut de connaître l'identité des objets, accède à leur configuration géométrique. Ainsi, même les réponses les plus étranges respectent au moins la taille de l'objet cible. Cela traduit une certaine recherche de plausibilité et de cohérence de la part de l'interpréteur hémisphérique gauche, compte tenu des informations fragmentaires dont il dispose. Or le « choix » de persévérer sur les thermomètres plutôt que sur les pommes de terre est peut-être une illustration particulièrement subtile de cette recherche de cohérence. Pourquoi ?

Lors de mes rares rencontres avec Monsieur Z., je l'ai vu persévérer sur trois thèmes différents : les thermomètres bien sûr, mais une autre fois les horloges et autres machines à mesurer le temps, et enfin les cadenas, serrures et systèmes de fermeture. Qu'y a-t-il de commun entre ces trois objets ? L'amour de la mécanique ? Peut-être, mais cela n'explique rien. Plus profondément, ce sont des objets qui se définissent par leur *fonction* et non par leur forme. Un thermomètre peut être long, rond, plat, en métal, en plastique, analogique, numérique, petit, grand, d'une couleur quelconque. Sa fonction, mesurer et afficher les températures, peut s'accommoder sensiblement de n'importe quel aspect physique. On pourrait dire la même chose d'une machine à mesurer le temps et d'un système de fermeture. Cette liberté de forme et de structure des thermomètres est pain bénit pour l'interpréteur hémisphérique gauche. C'est ce qui lui permet, ayant pris le contrôle du comportement du patient, de nous montrer savamment les dents du peigne et de nous expliquer que c'est là que les températures s'affichent, ou bien les trous de la salière, en nous précisant que c'est par eux que le liquide pénètre dans le thermomètre. Imaginons que Monsieur Z. persévère sur les papillons. Voyant un peigne, il pourrait bien dire « c'est un papillon », mais je soupçonne que l'interpréteur serait bien en peine de nous indiquer où se trouvent les ailes, les pattes ou les antennes. En revanche, rien de plus facile qu'interpréter les dents du peigne comme une graduation de températures, puis expliquer que l'instrument doit être plongé « dans le liquide à mesurer ». Souvenons-nous que Monsieur Z. distingue parfois dans le thermomètre le dispositif d'affichage, la « partie opérante » qui sert à mesurer, et même un « protecteur » qui sert à protéger celle-ci. Au gré des essais, il attribue ces fonctions de mesure et de protection à telle ou telle partie de l'objet proposé.

Peut-être l'hémisphère gauche se fixe-t-il sur les concepts de thermomètre, d'horloge ou de serrure parce que, pour les besoins de la tâche en cours (nommer, manipuler, expliquer, montrer), ces objets *fonctionnels* lui permettent d'élaborer des réponses verbales et gestuelles riches, et d'interpréter les caractéristiques physiques des objets malgré l'absence de toute identification.

Épilogue

Un mot de médecine

Au terme de ce périple, aucun message prophétique. Notre but est seulement de construire peu à peu une image du fonctionnement cérébral tel que l'envisage la neuropsychologie. On aura sans doute perçu le statut ambigu de cette discipline, partagée entre sa face médicale, qui vise à aider les patients souffrants, et sa face fondamentaliste, qui vise à comprendre le fonctionnement normal du cerveau. Quitte à redescendre de l'Olympe de la spéculation, il est donc juste que le dernier mot concerne les patients qui nous aident, dans leur malheur, à comprendre comment fonctionne le cerveau normal. Ce que nous avons tiré de leur étude, pouvons-nous le leur rendre ? Pouvons-nous mieux les soigner maintenant que nous les avons mieux compris ? C'est une autre histoire ; une histoire qui n'en est qu'à ses balbutiements. La neurologie a longtemps été une discipline contemplative, éprise de diagnostics rares et difficiles. Elle souffre encore de cette fâcheuse image de marque. En réalité, les choses ont énormément changé, de nombreuses maladies cérébrales sont de mieux en mieux soignées, de la migraine à l'épilepsie en passant par la maladie de Parkinson, les accidents vasculaires ou la sclérose en plaques. La pharmacopée, les greffes de cellules souches, les stimulations intracérébrales, la thérapie génique, autant de nouvelles voies thérapeutiques qui s'ouvrent. Malgré tout, force est de reconnaître que rien ne permet aujourd'hui de remplacer une région cérébrale détruite. Une fois les dégâts constatés, le mieux qu'on puisse faire, c'est rééduquer les patients, les aider à récupérer le plus possible de leurs capacités perdues, à utiliser au mieux celles qui leur restent, à trouver des stratégies pour contourner leur handicap, et finalement à mieux supporter les séquelles irréversibles. Avant d'en arriver là, dans les premières heures qui suivent un accident vasculaire ou un traumatisme crânien grave, il faut être pris en charge rapidement par des équipes médicales compétentes et dotées des moyens matériels et humains nécessaires pour limiter les dégâts.

C'est du ressort d'une politique de la santé publique. Mais l'initiative individuelle n'est pas totalement vaine. Il n'y a guère de justice en matière de santé. Toutefois, si l'on veut limiter les risques d'être soi-même demain aphasique, agnosique, amnésique, apraxique, asomatognosique, hémianopsique, alexique, simultanagnosique, anomique, achromatopsique ; si l'on n'a pas pour ambition de figurer dans l'histoire aux côtés de Monsieur Leborgne dit Tan-Tan ; si l'on ne veut pas être le prochain homme- ou femme-thermomètre, on peut, dans une certaine mesure, protéger son précieux cerveau. Rien là de bien amusant, mais l'on peut, par exemple, arrêter de fumer et soigner son hypertension, ne pas rouler trop vite et boucler sa ceinture de sécurité...

L'amour et la haine

En suivant le fil rouge du cas de Monsieur Z., l'homme-thermomètre, nous avons découvert quelques pièces d'un puzzle inachevé. Peut-être trouvera-t-on que nous n'avons abordé que les facultés mentales les plus mécaniques, celles qu'un bon ordinateur pourrait en principe réaliser sans trop de mal, bref, les moins humaines : lire un mot, saisir un objet, etc. La neuropsychologie n'aurait-elle simplement rien à dire sur les sentiments, les émotions impalpables, la peur, l'amour, la nostalgie, ce que l'humanité aurait de plus incommunicable et de plus précieux ? Nous avons aussi laissé de côté tout un autre monde, celui des sociétés humaines. Plusieurs cerveaux humains mis ensemble ont un potentiel qui dépasse de loin la somme de leurs facultés individuelles. Mais encore faut-il que chaque individu possède les outils mentaux lui permettant d'établir des liens sociaux. La neuropsychologie n'a-t-elle rien à dire sur cette dimension de la nature humaine ?

En réalité, les mécanismes cérébraux des émotions et de ce qu'on appelle la « cognition sociale » sont parmi les sujets les plus en pointe de la recherche actuelle. Disons seulement que l'approche suivie pour l'homme-thermomètre est aussi praticable dans ces domaines. Prenons un exemple[1]. Souvenons-nous que le dessous du lobe temporal est essentiel à la reconnaissance des visages. Nous avons vu comment cette reconnaissance réactive le souvenir du nom et de la biographie de l'intéressé. Mais un visage porte bien d'autres informations que son identité, des informations cruciales pour la vie en société. Un visage exprimant la peur ou la menace éveille en nous la crainte, la méfiance, nous fait transpirer et accélère notre cœur. Or un noyau situé dans les profondeurs de l'avant des lobes temporaux, l'amygdale, joue un rôle central dans la mise en route de toutes ces réponses viscérales et émotionnelles suscitées par la vue d'un visage inquiétant. Comment le savons-nous ? Comme d'habitude, grâce à l'étude combinée des patients, des sujets normaux et des animaux de laboratoire. Des patients dont les noyaux amygdaliens sont détruits deviennent incapables de juger de la menace potentielle que recèle un visage inquiétant, ils donnent sans réserve leur confiance à des individus à la mine jugée patibulaire par des sujets normaux[2]. Des phénomènes voisins sont d'ailleurs observés chez des singes dont on a détruit les amygdales. Cette même région s'active lorsque des sujets normaux voient des visages exprimant la crainte[3]. Chez des sujets d'une timidité pathologique, elle s'active même à la vue de visages à l'expression neutre[4]. D'autres régions, dans le sillon temporal supérieur, sont impliquées dans l'analyse de l'orientation du regard d'autrui, ce qui permet de diriger son attention dans la même direction que lui et de partager un contenu de pensée commun[5]. D'autres systèmes encore, en particulier dans les lobes frontaux, sont impliqués dans la capacité de se représenter les pensées et les intentions d'autrui comme différentes des nôtres, une condition essentielle de toute interaction sociale[6]. Là encore, il existe des déficits relativement sélectifs, notamment chez les autistes, ainsi que des données d'imagerie chez les sujets normaux. Retenons de ce survol qu'aucun aspect du fonctionnement de l'esprit humain n'échappe *a priori* à ce mode de recherche, pas plus les émotions et la sociabilité que la lecture des mots ou l'utilisation d'une paire de ciseaux, même si notre compréhension en est encore très embryonnaire.

Chemin faisant, plusieurs types de questions se sont présentées. Des questions anatomiques : à quoi servent les lobes frontaux ? Que se passe-t-il dans les lobes temporaux ? Les deux hémisphères ont-ils les mêmes fonctions ? Des questions cognitives : comment fait-on pour parler ? Comment contrôlet-on ses gestes ? Comment reconnaît-on un visage ? Des questions neuropsychologiques : qu'est-ce que l'aphasie ? Et l'apraxie ? Des questions méthodologiques enfin : comment fait-on un diagnostic neuropsychologique ? Comment peut-on voir le cerveau en action ?

Sur toutes ces questions, je n'ai fourni que des bribes d'information. Les neurosciences cognitives ont fait ces dernières années des progrès immenses, et tous les ans des milliers de publications enrichissent le corpus déjà débordant de connaissances sur le fonctionnement mental et ses mécanismes cérébraux. Aucun individu ne peut plus réellement maîtriser ce savoir exponentiel. Malgré tout, une culture générale mise au goût du XXIe siècle ne devrait pas faire l'économie d'une teinture de neurosciences cognitives. En effet, c'est là que s'élabore sans doute la compréhension rationnelle la plus poussée que l'homme ait jamais entreprise de sa propre nature.

Notes

Chapitre 2 – Le cerveau qui parle

1. Clarke et Jacyna, 1987.
2. Gall et Spurtzheim, 1810.
3. Hécaen et Dubois, 1969.
4. Schiller, 1990.
5. Broca, 1861.
6. Signoret et coll., 1984.
7. Bichat, 1822.
8. Harrington, 1985.
9. Wernicke, 1874.
10. Lichtheim, 1885.

Chapitre 3 – Cent cinquante ans plus tard

1. Venneri et coll., 1994.
2. McCloskey et coll., 1994.
3. Caramazza et Miceli, 1990.
4. McCloskey, 2001.
5. Jakobson, 1969.
6. Marshall et Newcombe, 1973.
7. Willmes et Poeck, 1993.
8. Dronkers, 1996.
9. Perani et coll., 1996.
10. Dehaene-Lambertz et coll., 2002.
11. Dehaene et coll., 1997.
12. Perani et coll., 1998.
13. Kim et coll., 1997.
14. Dehaene et coll., 1997.
15. Shapiro et coll., 2001.
16. Broca, 1879.

Chapitre 4 – Le cerveau qui voit

1. Tootell et coll., 1998a.
2. Cohen et coll., 1994.
3. Sacks O., 1996.
4. Zeki et coll., 1991.
5. Zihl et coll., 1983.
6. Ungerleider et Mishkin, 1982.
7. Tanaka, 1996.
8. Tsunoda et coll., 2001.
9. Booth et Rolls, 1998.
10. Tootell et coll., 1998b.
11. Tong et coll., 1998.
12. Ishai et coll., 1999.
13. Rubens et Benson, 1971.
14. O'Craven et Kanwisher, 2000.
15. Schwartz et Maquet, 2002.
16. Dehaene et coll., 1998.
17. McGuire et coll., 1995.
18. Cohen et coll., 1992.
19. Bonnet, 1760.
20. ffytche et coll., 1998.

Chapitre 5 – L'alexie pure

1. Déjerine, 1892.
2. Déjerine, 1891.
3. Cohen et coll., 2002.
4. Dehaene et coll., 2002.
5. Dehaene et coll., 2001.
6. Li et coll., 1993.
7. Miozzo et Caramazza, 1998.
8. Habib, 2000.
9. Paulesu et coll., 2001.
10. Temple et coll., 2003.
11. Cohen et coll., 2000.
12. Tarkiainen et coll., 1999.
13. Nobre et coll., 1994.
14. Tanaka, 1996.
15. Lerner et coll., 2001.
16. Kitterle et Selig, 1991.
17. Burgend et Marsolek, 1997.
18. Abe et coll., 1986.

Chapitre 6 – Lire et ne pas lire

1. Coslett et Saffran, 1989 ; Coslett et coll., 1993.
2. D'après Calvino, 2001.
3. Sidtis et coll., 1981.
4. Cohen et Dehaene, 1995.
5. Cohen et Dehaene, 2000.

Chapitre 7 – L'usine à mots

1. Lambon Ralph et coll., 2001.
2. Damasio, 1989.
3. Lambon Ralph et coll., 2001.
4. Verstichel et coll., 1996.
5. Levelt, 1989.
6. Badecker et coll., 1995.
7. Van Turennout et coll., 1998.
8. Cohen et coll., 1997.

Chapitre 8 – Le langage des mains

1. Liepmann, 1900.
2. Milner et coll., 2001.
3. Goodale et coll., 1994.
4. Sirigu et coll., 1995.

Chapitre 9 – *Perseverare diabolicum*

1. Stroop, 1935.
2. Miller et Cohen, 2001.
3. Lhermitte, 1983.
4. Yasuda et coll., 1990.
5. Cohen et Dehaene, 1998.

Chapitre 10 – Questions ultimes

1. Ferreira et coll., 1997.
2. Gazzaniga, 2000.
3. Bisiach et coll., 1986.

Épilogue

1. Adolphs, 2001.
2. Adolphs et coll., 1998.
3. Morris et coll., 1996.
4. Birbaumer et coll., 1998.
5. Haxby et coll., 2000.
6. Frith et Frith, 2003.

Bibliographie

ABE T, NAKAMURA N, SUGISHITA M, KATO Y, IWATA M. Partial disconnection syndrome following penetrating stab wound of the brain. *European Neurology* 1986 ; 25 : 233-239.

ADOLPHS R. The neurobiology of social cognition. *Current Opinion in Neurobiology* 2001 ; 11 : 231-9.

ADOLPHS R, TRANEL D, DAMASIO AR. The human amygdala in social judgment. *Nature* 1998 ; 393 : 470-4.

BADECKER W, MIOZZO M, ZANUTTINI R. The two-stage model of lexical retrieval : evidence from a case of anomia with selective preservation of grammatical gender. *Cognition* 1995 ; 57 : 193-216.

BICHAT X. *Recherches physiologiques sur la vie et la mort* : Béchet jeune, 1822.

BIRBAUMER N, GRODD W, DIEDRICH O, KLOSE U, ERB M, LOTZE M, et coll. fMRI reveals amygdala activation to human faces in social phobics. *Neuroreport* 1998 ; 9 : 1223-6.

BISIACH E, VALLAR G, PERANI D, PAPAGNO C, BERTI A. Unawareness of disease following lesions of the right hemisphere : anosognosia for hemiplegia and anosognosia for hemianopia. *Neuropsychologia* 1986 ; 24 : 471-482.

BONNET C. *Essai Analytique sur les Facultés de l'Âme*. Copenhague : C. & A. Philibert, 1760.

BOOTH MC, ROLLS ET. View-invariant representations of familiar objects by neurons in the inferior temporal visual cortex. *Cerebral Cortex* 1998 ; 8 : 510-23.

Broca P. Remarques sur le siège de la faculté du langage articulé, suivies d'une observation d'aphémie (perte de la parole). *Bulletin de la Société Anatomique* 1861 ; 6 : 330-357.

Broca P. Sur les températures morbides locales. *Bulletin de l'Académie de Médecine* 1879 ; 8 : 1331-1347.

Burgund ED, Marsolek CJ. Letter-case-specific priming in the right cerebral hemisphere with a form-specific perceptual identification task. *Brain and Cognition* 1997 ; 35 : 239-58.

Calvino I., *Nos ancêtres*, Paris, Seuil, 2001.

Caramazza A, Miceli G. The structure of graphemic representations. *Cognition* 1990 ; 37 : 243-97.

Clarke E, Jacyna LS. *Nineteenth-century origins of neuroscientific concepts*. Berkeley : University of California Press, 1987.

Cohen L, Dehaene S. Number processing in pure alexia : the effect of hemispheric asymmetries and task demands. *Neurocase* 1995 ; 1 : 121-137.

Cohen L, Dehaene S. Competition between past and present : Assessment and interpretation of verbal perseverations. *Brain* 1998 ; 121 : 1641-1659.

Cohen L, Dehaene S. Calculating without reading : Unsuspected residual abilities in pure alexia. *Cognitive Neuropsychology* 2000 ; 17 : 563-583.

Cohen L, Dehaene S, Naccache L, Lehéricy S, Dehaene-Mabertz G, Hénaff MA, et al. The visual word form area : Spatial and temporal characterization of an initial stage of reading in normal subjects and posterior split-brain patients. *Brain* 2000 ; 123 : 291-307.

Cohen L, Gray F, Meyrignac C, Dehaene S, Degos JD. Pure deficit of visual size perception : Two cases of hemimicropsia. *Journal of Neurology, Neurosurgery and Psychiatry* 1994 ; 57 : 73-78.

Cohen L, Lehericy S, Chochon F, Lemer C, Rivaud S, Dehaene S. Language-specific tuning of visual cortex ? Functional properties of the Visual Word Form Area. *Brain* 2002 ; 125 : 1054-69.

Cohen L, Verstichel P, Dehaene S. Neologistic jargon sparing numbers : a category specific phonological impairment. *Cognitive Neuropsychology* 1997 ; 14 : 1029-1061.

Cohen L, Verstichel P, Pierrot-Deseilligny C. Hallucinatory vision of a familiar face following right temporal hemorrhage. *Neurology* 1992 ; 42 : 2052.

Coslett HB, Saffran EM. Evidence for preserved reading in « pure alexia ». *Brain* 1989 ; 112 : 327-359.

Coslett HB, Saffran EM, Greenbaum S, Schwartz H. Reading in pure alexia : The effect of strategy. *Brain* 1993 ; 116 : 21-37.

Damasio AR. The brain binds entities and events by multiregional activation from convergence zones. *Neural Computation* 1989 ; 1 : 123-132.

Dehaene S, Dupoux E, Mehler J, Cohen L, Paulesu E, Perani D, et coll. Anatomical variability in the cortical representation of first and second languages. *Neuroreport* 1997 ; 8 : 3809-3815.

Dehaene S, Le Clec'H G, Cohen L, Poline JB, Van de Moortele PF, Le Bihan D. Inferring behaviour from functional brain images. *Nature Neuroscience* 1998 ; 1 : 549-550.

Dehaene S, Le Clec'H G, Poline JB, Le Bihan D, Cohen L. The visual word form area : a prelexical representation of visual words in the fusiform gyrus. *Neuroreport* 2002 ; 13 : 321-5.

Dehaene-Lambertz G, Dehaene S, Hertz-Pannier L. Functional neuroimaging of speech perception in infants. *Science* 2002 ; 298 : 2013-5.

Dehaene S, Naccache L, Cohen L, Bihan DL, Mangin JF, Poline JB, et al. Cerebral mechanisms of word masking and unconscious repetition priming. *Nature Neuroscience* 2001 ; 4 : 752-8.

Dejerine J. Sur un cas de cécité verbale avec agraphie suivi d'autopsie. *Mémoires de la Société de Biologie* 1891 ; 3 : 197-201.

Dejerine J. Contribution à l'étude anatomo-pathologique et clinique des différentes variétés de cécité verbale. *Mémoires de la Société de Biologie* 1892 ; 4 : 61-90.

Dronkers NF. A new brain region for coordinating speech articulation. *Nature* 1996 ; 384 : 159-161.

Ferreira CT, Giusiano B, Ceccaldi M, Poncet M. Optic aphasia : evidence of the contribution of different neural systems to object and action naming. *Cortex* 1997 ; 33 : 499-513.

ffytche DH, Howard RJ, Brammer MJ, David A, Woodruff P, Williams S. The anatomy of conscious vision : an fmRI study of visual hallucinations. *Nat Neurosci* 1998 ; 1 : 738-42.

FRITH U, FRITH CD. Development and neurophysiology of mentalizing. *Philosophical Transactions of the Royal Society London Biological Sciences* 2003 ; 358 : 459-73.

GALL FJ, SPURTZHEIM JG. *Anatomie et physionomie du système nerveux en général et du cerveau en particulier*. vol 4. Paris : Schoell, 1810.

GAZZANIGA MS. Cerebral specialization and interhemispheric communication. Does the corpus callosum enable the human condition ? *Brain* 2000 ; 123 : 1293-1326.

GOODALE MA, MEENAN JP, BÜLTHOFF HH, NICOLLE DA, MURPHY KJ, RACICOT CI. Separate neural pathways for the visual analysis of object shape in perception and prehension. *Current Biology* 1994 ; 4 : 604-610.

HABIB M. The neurological basis of developmental dyslexia : an overview and working hypothesis. *Brain* 2000 ; 123 : 2373-99.

HARRINGTON A. Nineteenth-century ideas on hemisphere differences and « duality of mind ». *The Behavioral and Brain Sciences* 1985 ; 8 : 617-660.

HAXBY JV, HOFFMAN EA, GOBBINI MI. The distributed human neural system for face perception. *Trends in Cognitive Sciences* 2000 ; 4 : 223-233.

HÉCAEN H, DUBOIS J. *La naissance de la neuropsychologie du langage : 1825-1865*. Paris : Flammarion, 1969.

ISHAI A, UNGERLEIDER LG, MARTIN A, SCHOUTEN JL, HAXBY JV. Distributed representation of objects in the human ventral visual pathway. *Proceedings of the National Academy of Sciences* USA 1999 ; 96 : 9379-84.

JAKOBSON R. *Langage enfantin et aphasie*. Paris : Les Éditions de Minuit, 1969.

KIM KH, RELKIN NR, LEE KM, HIRSCH J. Distinct cortical areas associated with native and second languages. *Nature* 1997 ; 388 : 171-4.

KITTERLE FL, SELIG LM. Visual field effects in the discrimination of sine-wave gratings. *Perception and Psychophysics* 1991 ; 50 : 15-8.

LAMBON RALPH MA, MCCLELLAND JL, PATTERSON K, GALTON CJ, Hodges JR. No right to speak ? The relationship between object naming and semantic impairment : neuropsychological evidence and a computational model. *Journal of Cognitive Neuroscience* 2001 ; 13 : 341-56.

LERNER Y, HENDLER T, BEN-BASHAT D, HAREL M, MALACH R. A hierarchical axis of object processing stages in the human visual cortex. *Cerebral Cortex* 2001 ; 11 : 287-97.

LEVELT WJM. *Speaking : From intention to articulation*. Cambridge MA : MIT Press, 1989.

LEVY I, HASSON U, AVIDAN G, HENDLER T, MALACH R. Center-periphery organization of human object areas. *Nature Neuroscience* 2001 ; 4 : 533-9.

LHERMITTE F. « Utilization behaviour » and its relation to lesions of the frontal lobe. *Brain* 1983 ; 106 : 237-255.

LI L, MILLER EK, DESIMONE R. The representation of stimulus familiarity in anterior inferior temporal cortex. *Journal of Neurophysiology* 1993 ; 69 : 1918-29.

LICHTHEIM L. Über Aphasie. *Deutsches Archiv für klinische Medizin* 1885 ; 36 : 204-268.

LIEPMANN H. Das Krankheitsbild der Apraxie (motorischen Asymbolie). *Monatschrift für Psychiatrie und Neurologie* 1900 ; 8: 15-44, 102-132, 182-197.

MARSHALL JC, NEWCOMBE F. Patterns of paralexia : A psycholinguistic approach. *Journal of Psycholinguistic Research* 1973 ; 2 : 175-199.

MCCLOSKEY M. Future of Cognitive Neuropsychology. In : Rapp B, *The handbook of cognitive neuropsychology*. Philadelphia : Psychology Press, 2001: 593-608.

MCCLOSKEY M, BADECKER W, GOODMAN-SCHULMAN RA, ALIMINOSA D. The structure of graphemic representations in spelling : Evidence from a case of acquired dysgraphia. *Cognitive Neuropsychology* 1994 ; 11 : 341-392.

MCGUIRE PK, SIBERSWEIG DA, WRIGHT I, MURRAY RM, DAVID AS, FRACKOWIAK RSJ, et coll. Abnormal monitoring of inner speech : a physiological basis for auditoryhallucinations. *Lancet* 1995 ; 346 : 596-600.

MILLER EK, COHEN JD. An integrative theory of prefrontal cortex function. *Annual Review of Neuroscience* 2001 ; 24 : 167-202.

MILNER AD, DIJKERMAN HC, PISELLA L, MCINTOSH RD, TILIKETE C, VIGHETTO A, et coll. Grasping the past. Delay can improve visuomotor performance. *Current Biology* 2001 ; 11 : 1896-1901.

MIOZZO M, CARAMAZZA A. Varieties of pure alexia : The case of failure to access graphemic representations. *Cognitive Neuropsychology* 1998 ; 15 : 203-238.

MORRIS JS, FRITH CD, PERRETT DI, ROWLAND D, YOUNG AW, CALDER AJ, et coll. A differential neural response in the human amygdala to fearful and happy facial expressions. *Nature* 1996 ; 383 : 812-5.

NOBRE AC, ALLISON T, MCCARTHY G. Word recognition in the human inferior temporal lobe. *Nature* 1994 ; 372 : 260-263.

O'CRAVEN KM, KANWISHER N. Mental imagery of faces and places activates corresponding stimulus-specific brain regions. *Journal of Cognitive Neuroscience* 2000 ; 12 : 1013-23.

PAULESU E, DEMONET JF, FAZIO F, MCCRORY E, CHANOINE V, BRUNSWICK N, et coll. Dyslexia : cultural diversity and biological unity. *Science* 2001 ; 291 : 2165-7.

PERANI D, DEHAENE S, GRASSI F, COHEN L, CAPPA SF, DUPOUX E, *et al.* Brain processing of native and foreign languages. *Neuro-report* 1996 ; 00.

PERANI D, PAULESU E, SEBASTIAN GALLES N, DUPOUX E, DEHAENE S, BETTINARDI V, et coll. The bilingual brain : Proficiency and age of acquisition of the second language. *Brain* 1998 ; 121 : 1841-1852.

RUBENS AB, BENSON DF. Associative visual agnosia. *Archives of Neurology* 1971 ; 24 : 305-316.

SACKS O. *Un anthropologue sur Mars*. Paris : Seuil, 1996.

SCHILLER F. *Paul Broca explorateur du cerveau*. Paris : Odile Jacob, 1990.

SCHWARTZ S, MAQUET P. Sleep imaging and the neuropsychological assessment of dreams. *Trends in Cognitive Sciences* 2002 ; 6 : 23-30.

SHAPIRO KA, PASCUAL-LEONE A, MOTTAGHY FM, GANGITANO M, CARAMAZZA A. Grammatical distinctions in the left frontal cortex. *Journal of Cognitive Neuroscience* 2001 ; 13 : 713-720.

SIDTIS JJ, VOLPE BT, HOLTZMAN JD, WILSON DH, GAZZANIGA MS. Cognitive interaction after staged callosal section : Evidence for transfer of semantic activation. *Science* 1981 ; 212 : 344-346.

Signoret JL, Castaigne P, Lhermitte F, Abelanet R, Lavorel P. Rediscovery of Leborgne's brain : anatomical description with CT scan. *Brain and Langage* 1984 ; 22 : 303-19.

Sirigu A, Cohen L, Duhamel JR, Pillon B, Dubois B, Agid Y. A selective impairment of hand posture in object utilization apraxia. *Cortex* 1995 ; 31 : 41-55.

Sperry RW. *Mental unity following surgical disconnection of the cerebral hemispheres*. The Harvey Lectures : Series 62. New York : Academic Press, 1968.

Stroop JR. Studies of interference in serial verbal reactions. *Journal of Experimental Psychology* 1935 ; 18 : 643-662.

Tanaka K. Inferotemporal cortex and object vision. *Annual Review of Neuroscience* 1996 ; 19 : 109-39.

Tarkiainen A, Helenius P, Hansen PC, Cornelissen PL, Salmelin R. Dynamics of letter string perception in the human occipitotemporal cortex. *Brain* 1999 ; 122 : 2119-32.

Temple E, Deutsch GK, Poldrack RA, Miller SL, Tallal P, Merzenich MM, et coll. Neural deficits in children with dyslexia ameliorated by behavioral remediation : evidence from functional MRI. *Proceedings of the National Academy of Sciences* USA 2003 ; 100 : 2860-5.

Tong F, Nakayama K, Vaughan JT, Kanwisher N. Binocular rivalry and visual awareness in human extrastriate cortex. *Neuron* 1998 ; 21 : 753-759.

Tootell R, Hadjikhani N, Vanduffel W, Liu A, Mendola J, Sereno M, et coll. Functional analysis of primary visual cortex (V1) in humans. *Proceedings of the National Academy of Sciences* USA 1998a ; 95 : 811-817.

Tootell RB, Mendola JD, Hadjikhani NK, Liu AK, Dale AM. The representation of the ipsilateral visual field in human cerebral cortex. *Proceedings of the National Academy of Sciences* USA 1998b ; 95 : 818-24.

Tsunoda K, Yamane Y, Nishizaki M, Tanifuji M. Complex objects are represented in macaque inferotemporal cortex by the combination of feature columns. *Nature Neuroscience* 2001 ; 4 : 832-838.

Ungerleider LG, Mishkin M. Two cortical visual systems. In : Ingle DJ, Goodale MA and Mansfield RJ, *Analysis of visual behavior*. Cambridge : MIT Press, 1982: 549-586.

van Turennout M, Hagoort P, Brown CM. Brain activity during speaking : From syntax to phonology in 40 milliseconds. *Science* 1998 ; 280 : 572-574.

Venneri A, Cubelli R, Caffarra P. Perseverative dysgraphia : a selective disorder in writing double letters. *Neuropsychologia* 1994 ; 32 : 923-31.

Verstichel P, Cohen L, Crochet G. Associated production and comprehension deficits for names of people following left temporal lesion. *Neurocase* 1996 ; 2 : 221-234.

Wernicke K. *Der aphasische Symptomenkomplex. Eine psychologische Studie auf anatomischer Basis*. Breslau : Crohn und Weigert, 1874.

Willmes K, Poeck K. To what extent can aphasic syndromes be localized ? *Brain* 1993 ; 116 : 1527-40.

Yasuda Y, Akiguchi I, Ino M, Nabatabe H, Kameyama M. Paramedian thalamic and midbrain infarcts associated with palilalia. *Journal of neurology, neurosurgery, and psychiatry* 1990 ; 53 : 797-9.

Zeki S, Watson JDG, Lueck CJ, Friston KJ, Kennard C, Frackowiak RSJ. A direct demonstration offunctional specialization in human visual cortex. *Journal of Neuroscience* 1991 ; 11 : 641-649.

Zihl J, von Cramon D, Mai N. Selective disturbance of movement vision after bilateral brain damage. *Brain* 1983 ; 106 : 313-340.

Index

A

B

C

M

N

P

Q

R

S

Remerciements

Je remercie tous les collègues et amis dont l'aide ou l'influence m'ont permis d'écrire ce livre, tout particulièrement Stanislas Dehaene qui m'a permis de rester au contact de la meilleure science au long de quinze ans de collaboration amicale et jubilatoire ; Jacques Mehler, Michel Poncet, François Michel, Charles Pierrot-Deseilligny, Stéphane Lehéricy, Patrick Verstichel, Lionel Naccache, Nina Benoit et Danielle Sosson, qui ont toujours partagé sans compter les trésors de leur vaste expérience clinique ; Odile Jacob pour sa confiance inlassable et enthousiaste ; Gérard Jorland pour l'élégance exacte de ses conseils ; tous les étudiants pour leur exigence de clarté. Je remercie enfin et surtout les patients souffrant de lésions cérébrales, pour les enseignements que nous offre leur malheur. J'offre ce livre à Sarah, Élisabeth, Nathalie, ainsi qu'à Gaby et Tito.

Table

CHAPITRE 1

L'homme-thermomètre

CHAPITRE 2

Le cerveau qui parle

CHAPITRE 3

Cent cinquante ans plus tard

CHAPITRE 6

Lire et ne pas lire

CHAPITRE 7

L'usine à mots

CHAPITRE 8

Le langage des mains

CHAPITRE 9

Perseverare diabolicum

CHAPITRE 10

Questions ultimes

Épilogue

Ouvrage publié sous la responsabilité éditoriale de Gérard Jorland

FORMATÉ TYPOGRAPHIQUEMENT PAR : DESK

CET OUVRAGE
A ÉTÉ ACHEVÉ D'IMPRIMER SUR ROTO-PAGE
PAR L'IMPRIMERIE FLOCH À MAYENNE
EN MARS 2004

N° d'impression : 59681.
N° d'édition : 7381-1361-1.
Dépôt légal : décembre 2003.
Imprimé en France